AF475445

# COURS

DE

# PHYSIOLOGIE.

PARIS. — RIGNOUX, IMPRIMEUR DE LA FACULTÉ DE MÉDECINE,
rue Monsieur-le-Prince, 31.

Cours de physiologie par P. Bérard.
Tome 4. Feuil. 10 et suivantes.

(19 juin 1860) n'ont pas paru



. Labé, Place de l'École de Médecine, 23.

PARIS. — RIGN

# COURS

DE

# PHYSIOLOGIE,

FAIT

## A LA FACULTÉ DE MÉDECINE DE PARIS

**Par P. BÉRARD,**

Professeur de Physiologie et ancien Doyen de la Faculté de Médecine de Paris,
Inspecteur général des Facultés et Écoles de Médecine de France,
Membre du Conseil impérial de l'Instruction publique,
Membre de l'Académie impériale de Médecine,
Chirurgien honoraire des Hôpitaux,
Officier de la Légion d'Honneur, etc.



Boni viri nullam oportet causam esse præter veritatem.

(HALLER.)

TOME QUATRIÈME.

PARIS.

**LABÉ,** ÉDITEUR, LIBRAIRE DE LA FACULTÉ DE MÉDECINE,
place de l'École-de-Médecine.

1855

# COURS

# DE PHYSIOLOGIE.

## DE LA CIRCULATION.

(Suite.)

## QUATRE-VINGT-ONZIÈME LEÇON.

### COURS DU SANG DANS LES VEINES.

Messieurs,

Nous avons exposé l'itinéraire du sang au travers des cavités du cœur: nous avons vu les artères le distribuer à toutes les parties du corps, les capillaires l'introduire dans l'origine des veines; celles-ci vont le ramener au cœur.

L'histoire de la circulation veineuse est très-attrayante et féconde en applications pratiques.

*La carrière dans laquelle se meut le sang veineux est incomparablement plus vaste que celle du sang artériel.* Cela résulte, tout à la fois, du *nombre* des veines et de leur *volume*, comparés au volume et au nombre des artères de moyen calibre et au-dessus.

Relativement au *nombre*, le sang, qui sort du cœur par deux vaisseaux seulement, l'artère aorte et l'artère pulmonaire, y rentre par sept veines, savoir : les quatre veines pulmonaires, la veine cave supérieure, la veine cave inférieure, et la veine coronaire. Un grand nombre d'artères marchent accompagnées de deux veines (veines satellites). Cela s'observe notamment aux artères radiales, cubitales, et aux divisions de ces dernières à la main, aux artères de la jambe et du pied, à quelques-unes des artères profondes de la face, aux artères mammaires internes, épigastriques, ovariques, dorsales du pénis. Certaines artères ont même plus de deux satellites; telles sont la brachiale et la spermatique. Ajoutons qu'il y a beaucoup de veines qui n'ont point d'artères satellites. Telles sont : aux membres, les veines superficielles (saphènes interne et externe, céphalique, basilique, etc.); au cou, les jugulaires externes, antérieures et postérieures; au pénis, la veine dorsale sous-cutanée, etc., et sous tout le tégument externe, notamment sous la peau du tronc, ce réseau à larges mailles, si bien représenté dans les planches de Mascagni, réseau qui, dans les saisons chaudes, se dessine sur les cadavres sous forme de vergetures causées par la transsudation de la matière colorante du sang qu'il contenait au moment de la mort.

Le système veineux l'emporte plus encore, sur le système artériel, par la *capacité* que par le *nombre* de ses divisions. Là où une artère a deux veines satellites, chacune de ces veines est deux, trois ou quatre fois plus grosse que l'artère qu'elle accompagne; là même où l'on trouve parfois plusieurs artères pour une seule veine, comme aux capsules surrénales, aux reins, à la vésicule biliaire, la capacité de cette veine unique l'emporte sur la capacité des artères réunies.

Quand on a rempli d'injection et disséqué les vaisseaux de certaines régions, il semblerait, au premier coup d'œil jeté sur la pièce, qu'il n'y a que des veines. A la région du cou, par exemple, les artères sont comme ensevelies sous la jugulaire interne démesurément amplifiée par l'injection, sous les jugulaires externes et antérieures, et leurs divisions. Il faut noter que les veines ne parviennent jamais peut-être, dans l'état de vie, aux monstrueuses dimensions que l'injection leur fait prendre. Bien plus, quand on dissèque soigneusement, sans injection préalable, les vaisseaux d'une région, de manière à les isoler complétement, les veines paraissent beaucoup plus petites que les artères, parce qu'elles reviennent beaucoup sur elles-mêmes et que leurs parois sont très-minces. Cette aptitude des veines à se laisser distendre, à des degrés variables, et à revenir sur elles-mêmes, ne permet guère de déterminer d'une manière exacte le rapport de leur capacité à celle des artères; aussi n'y a-t-il aucune concordance dans les évaluations qui ont été faites. Suivant Borelli (1), la capacité des veines est à celle des artères comme 4 est à 1. Elle serait comme 9 est à 4, suivant Sauvages (2); comme 2 $^1/_4$ est à 1, suivant Haller (3). Je pense que si on pouvait remplir d'injection, sur un seul sujet, les deux systèmes, et peser ensuite séparément l'injection tirée des deux ordres de vaisseaux, on aurait une différence bien plus considérable; mais cela ne donnerait qu'une moyenne et non les proportions pour chaque région. Ces proportions, en effet, sont très-variables : il y a telle région où la carrière du sang veineux ne dépasse pas celle du sang artériel, telle autre où elle est six fois plus ample (dans la pie-mère, suivant M. Hirschfeld) (4), telle autre enfin où la différence est beaucoup plus grande encore. Suivant Wintringham (5), la capacité de la veine splénique, comparée à son artère, l'emporte sur la capacité de la veine iliaque, comparée à son artère, dans la proportion de 836 à 100. La veine rénale, comparée à son artère, l'emporte sur la veine iliaque, comparée à l'artère iliaque, dans la proportion de 1156 à 100. La capacité de la veine rénale, comparée à la capacité de l'artère rénale, pour une même longueur des deux vaisseaux, l'emportait, sur un vieux chien, dans la proportion de 1176 à 100 (6).

La notion anatomique sur laquelle je viens d'appeler votre attention ne doit pas rester stérile, au point de vue de la physio-

---

(1) *De Motu animalium*, lib. II, prop. 68.

(2) *Theoria pulsus et circulationis*, in-4°, p. 9; Montpellier, 1752.

(3) *Elementa physiologiæ*, t. I, p. 133.

(4) *Névrologie ou description et iconographie du système nerveux*, p. 19.

(5) *An experimental inquiry on some parts of the animal structure*, p. 171; London, 1740.

(6) Wintringham, *loc. cit.*, p. 201.

logie. Le système veineux n'a pas pour usage unique de ramener le sang au cœur ; il doit être considéré comme un véritable réservoir du sang. C'est dans sa cavité si extensible que s'accumule le trop-plein; or. chez une personne bien portante, il y a du trop-plein, deux fois au moins en vingt-quatre heures. Qu'on imagine un sytème vasculaire composé en entier de tuyaux semblables aux artères, je ne sais où pourrait se loger ce qu'un repas un peu copieux introduit de boissons, de chyle, de principes solubles, dans la circulation. Le système veineux, si facilement dilatable, reçoit ce surplus et le conserve jusqu'à ce que les excrétions l'aient épuisé. Deux heures après le repas, les veines se gonflent un peu ; la chose est très-apparente sur les veines du dos de la main. La différence de capacité entre la veine cave et l'aorte est beaucoup plus marquée au-dessus des veines rénales que dans la partie inférieure de l'abdomen. L'ampliation de la partie supérieure de la veine pourrait bien être destinée à fournir en toute occasion du sang au cœur pour entretenir ses mouvements.

*En même temps qu'elle est plus vaste, la carrière du sang veineux est moins régulière que la carrière du sang artériel.* En effet le sang veineux se meut tantôt dans de simples veines, tantôt dans des vaisseaux dont les parois sont *attachées aux tissus ambiants,* tantôt dans des *plexus* de formes variables, tantôt dans des *tissus érectiles*, tantôt dans des espaces nommés *lacunes*, etc. Arrêtons-nous un instant sur ces singulières dispositions.

1° Les artères sont lâchement unies à la gaine celluleuse, dans laquelle elles se meuvent sous l'impulsion du cœur; on voit au contraire une grande partie du système veineux étroitement attachée par sa paroi externe aux tissus ambiants.

Le degré le plus marqué, et en quelque sorte exagéré, de ce mode anatomique, est constitué par les *canaux veineux des os.* Si, avec la gouge et le maillet ou avec la lime, on enlève la table externe des os larges du crâne, on est tout étonné de voir le diploé parcouru par des canaux arborisés, ayant pour parois une lamelle mince de substance compacte de l'os. Le sang veineux qui circule dans ces canaux toucherait à nu la substance de l'os, si la membrane interne des veines, excessivement ténue, ne l'en séparait. Ces canaux veineux du diploé, mentionnés d'abord par Dupuytren (1), auquel l'aide d'anatomie Fleury, qui les avait trouvés, les avait fait connaître, décrits de nouveau par Chaussier et Fleury (2), ont été plus complétement étudiés par Breschet (3), qui les a figurés non-seulement au crâne, mais dans le corps des vertèbres et au bassin. De tels conduits vasculaires ne peuvent ni se laisser dilater ni revenir sur eux-mêmes.

Ailleurs le sang veineux coule dans des *sinus*, comme on le voit, à l'intérieur du crâne, entre les lames de la dure-mère. Ici encore le revêtement intérieur des veines tapisse seul le canal fibreux, auquel il est intimement adhérent. Cette sorte de veine ne peut avoir aucune influence sur le cours du sang; mais le sinus lui-même peut être comprimé, dans de certaines limites.

Il est des organes où les veines, intimement attachées au parenchyme, ressemblent à des sinus. Telle est, dans le foie, la disposition des veines sus-hépatiques, dont les orifices se montrent béants dans une coupe de cet organe ; telle est aussi, dans l'utérus, la disposition de ces veines auxquelles l'état de gestation donne de si amples proportions. Entre les veines hépatiques et les veines utérines, il y a cette différence importante, que les premières sont de véritables veines attachées au tissu du foie, tandis que les secondes sont plutôt de simples trajets, munis du revêtement intérieur des veines.

Il faut que la nature ait attaché une grande importance à cette adhésion des veines aux parties qu'elles avoisinent, car elle l'a singulièrement multipliée. J'ai fait connaître en 1830 (4) qu'une

---

(1) Dupuytren, *Propositions sur quelques points d'anatomie physiologique et d'anatomie patholog.* (Thèses de Paris, an XII, n° 379, in-8°).

(2) Chaussier, *Exposition sommaire de la structure de l'encéphale*, Préface, p. 20.

(3) *Recherches anat., phys. et pathol. sur le système veineux*, in-fol° ; Paris, 1829.

(4) *Mémoire sur un point d'anat. et de physiologie du système veineux*, etc. (*Arch. gén. de méd.*, 1re série, t. XXIII, p. 169).

foule de veines doivent à leurs connexions avec des plans fibreux ou aponévrotiques de former des canaux qui ont plus de tendance à rester permanents qu'à revenir sur eux-mêmes. Si on ouvre la veine cave supérieure au-dessus du lieu où la membrane séreuse du péricarde se réfléchit sur elle, on voit que cette veine ne s'affaisse pas; ses parois restent écartées, malgré l'écoulement du sang qu'elle contenait, et qui est remplacé par de l'air. Si on recherche la cause qui maintient ainsi la veine dilatée, on la trouve dans l'adhérence de cette veine au prolongement fibreux que le péricarde envoie sur elle et à la partie supérieure de la poitrine. Les deux veines sous-clavières, la jonction de ces veines aux jugulaires, n'offrent pas plus que la veine cave les caractères que l'on avait assignés aux veines en général, c'est-à-dire qu'elles ne deviennent flasques et plissées qu'autant qu'on les a séparées des lames fibreuses auxquelles elles adhèrent, etc. Les lames aponévrotiques du cou remplissent donc, à l'égard de la plupart des veines de cette région, un rôle qui n'avait point été soupçonné avant 1830: celui de les maintenir dans un certain degré de tension, de dilatation. Si on examine la veine axillaire, depuis le scalène jusqu'au creux de l'aisselle, on voit qu'elle présente un canal dont les parois, attachées extérieurement à une aponévrose qui descend de la clavicule et couvre d'abord le muscle sous-clavier, restent écartées tant qu'on n'a pas privé la circonférence du vaisseau de ses adhérences (1). Les branches qui s'y rendent sont dans le même état.

On retrouve cette disposition dans les veines assez volumineuses qui avoisinent les apophyses transverses des premières vertèbres cervicales, dans les veines qui, des environs de l'épaule, viennent gagner la partie inférieure de la jugulaire externe. La veine cave inférieure, dans son trajet au travers du diaphragme, est entourée d'une toile fibreuse, qui l'attache au pourtour de l'ouverture aponévrotique qui lui est destinée. Nous retrouvons très-développée la configuration dont nous nous occu-

---

(1) Il faut, pour reconnaître cette disposition, pénétrer dans le vaisseau par une incision parallèle à son axe, et sans l'avoir disséqué.

pons dans la partie inférieure du tronc. Ce fut en examinant les veines du bassin d'un grand quadrupède, que j'en fis pour la première fois la remarque (1). Les grosses veines du bassin offraient un aspect qui différait à peine de celui des sinus de la dure-mère. Chez l'homme, les veines iliaques externes sont loin de présenter un degré aussi considérable de tension; mais les gros troncs de la veine hypogastrique adhèrent au contour des ouvertures fibreuses qu'elles traversent, et sont ainsi maintenues dilatées par l'aponévrose pelvienne supérieure. Cet état anatomique est plus marqué encore dans la portion de l'aponévrose qui descend sur les côtés de la prostate, et en avant de cette glande. Les veines forment, en traversant cette région, des canaux, dont les ouvertures restent béantes quand on les a coupés en travers. Toutes les veines qu'abrite le ligament vertébral postérieur, depuis le coccyx jusqu'au sacrum, offrent une disposition analogue à celle que je décris.

Ainsi, dans diverses régions du corps, les veines coupées en travers ou autrement restent béantes comme des artères; mais la cause de cet état n'est pas la même dans les deux cas. L'artère, parfaitement libre d'adhérence et mobile dans sa gaine, doit à sa structure même la persistance de sa lumière; la veine la doit à ses adhérences aux tissus voisins : disséquée, elle se chiffonne et s'affaisse. Je montrerai plus loin les inductions précieuses que l'on peut tirer de ces faits pour l'intelligence de la circulation veineuse et des plus graves accidents que l'on puisse redouter pendant et après les grandes opérations de la chirurgie.

2° La carrière du sang veineux est diversifiée encore par l'existence des *plexus*. Ce sont des amas de veines d'un certain calibre, fréquemment anastomosées, recevant des veines afférentes qui viennent des capillaires, et d'où sortent des branches qui gagnent les troncs voisins ou d'autres plexus; ces amas sont

---

(1) Des portions d'ours et de cheval ayant été apportées, à la même époque, dans le laboratoire de la Faculté, je ne sais précisément sur quel animal ont été faites mes premières observations.

plus nombreux au tronc qu'aux membres. Au tronc, on les voit surtout au cou, au bassin, autour du rachis; au cou, les veines se groupent en plexus, près du *pharynx*, dans les fosses *ptérygoïdiennes*, autour du *corps thyroïde*, dans les *intervalles des muscles postérieurs du cou*, où elles forment quatre amas superposés, dont le plus profond repose sur les parties latérales des vertèbres cervicales, où il communique avec les veines vertébrales (1). Dans la région du bassin, elles ceignent circulairement la partie inférieure et moyenne de la vessie; elles entourent la prostate, elles enveloppent d'une sorte de réseau les vésicules séminales; elles s'anastomosent, se pressent, dans les replis péritonéaux qui soutiennent l'ovaire et l'utérus; elles donnent un vrai plexus à l'orifice vésical, un double plexus à l'extrémité inférieure du rectum; elles prennent dans le cordon spermatique, et quelquefois dans le ligament rond, l'aspect singulier qui leur a fait donner le nom de *plexus pampiniforme*. Au rachis, elles enlacent littéralement chacune des pièces qui le composent, formant ainsi une chaîne qui s'étend de la tête au coccyx. Dans les membres enfin, la disposition plexiforme se voit à la partie périphérique, c'est-à-dire à la main et au pied; les veines qui sortent de la pulpe des doigts se groupent de suite en plexus.

3° La modification qu'éprouvent les veines dans les *tissus érectiles* n'a pas son analogue dans le système artériel; nous nous en occuperons ailleurs.

4° C'est encore une disposition bien singulière que celle qui est constituée par la veine porte; nous la décrirons en parlant des circulations partielles. L'anatomie comparée nous offre dans d'autres parties du corps, et notamment dans le rein, dans l'organe respiratoire, une répétition de cet état anatomique. Nous verrons qu'on l'a généralisé sous le nom d'*appareils portes*.

5° Mais nulle part la carrière du sang veineux ne diffère plus de la carrière du sang artériel que dans ce qu'on a assez impro-

---

(1) M. Foucher, prosecteur de la Faculté, *Études sur les veines du cou et de la tête* (Thèses de Paris, 1851, n° 16).

prement nommé *lacunes*. J'ai apprécié, t. III, p. 599, la doctrine des lacunes dans l'appareil circulatoire. J'ai donné des exemples de ces prétendues lacunes chez les aplisies, les colimaçons, t. III, p. 588; chez les crustacés, les arachnides et les myriapodes, t. III, p. 590 et 591; chez les insectes, t. III, p. 591 et 592; chez les poissons, p. 593. J'ai montré, à la page 600, que ces lacunes n'appartiennent pas seulement aux invertébrés et aux vertébrés inférieurs, et qu'on les voit encore dans les animaux à sang chaud. Aux exemples que j'ai cités, j'en ajouterai un, le plus frappant de tous, chez l'homme : c'est le passage du sang veineux au travers du sinus caverneux. On a cru pendant longtemps que le sang y baignait à nu l'artère carotide interne et le nerf oculo-moteur externe.

J'exposerai plus loin certains caractères de texture des veines.

## Phénomènes de la circulation veineuse.

Le sang, qui se meut par saccades dans les artères, coule d'une manière continue dans les veines. Aussi loin qu'on peut remonter vers les subdivisions veineuses, à leur émergence des capillaires, c'est-à-dire au point initial de la circulation veineuse, on constate l'absence d'un mouvement saccadé. Quelques expérimentateurs, à la vérité, Leuwenhoeck par exemple, ont vu les origines des veines agitées par l'action du cœur ; mais le microscope ne montre point cette impulsion, tant que la circulation est régulière et active. L'impulsion devient apparente, lorsque la circulation s'interrompt par moments ; la reprise alors est accompagnée d'une secousse dans l'origine des veines (1). On voit aussi des saccades à une certaine période de la vie embryonnaire. Je le répète, la règle est l'absence de saccades. Haller ne les avait jamais vues ; il dit, à propos des observations de Leuwenhoeck : *Verum ego tot in experimentis, nihil unquam, vel in minimis venis, vel in majoribus simile vidi* (2). Je dirai plus loin que

(1) Voyez t. III de cet ouvrage, p. 769 (*Circulation capillaire*).

(2) *Elementa physiologiæ*, t. II, p. 324.

l'application de l'hémodynamomètre aux veines y montre cependant l'action accélératrice du cœur.

Il est des circonstances où, chez l'homme, un mouvement saccadé très-apparent se montre dans la colonne sanguine qui sort d'une veine; voici dans quelle occasion le fait a été observé. On a pratiqué une saignée du bras, le sang a coulé librement. On aperçoit, vers la fin de la saignée, des saccades, des pulsations dans le jet, et cela devient de plus en plus apparent; en même temps, le sang sort moins foncé de la veine, et il peut aller jusqu'à conserver la rutilance artérielle. Un praticien, non prévenu de la possibilité de ce singulier phénomène, peut croire à une blessure de l'artère, si la piqûre a été faite sur la veine médiane basilique.

J'ai commis cette erreur, étant élève interne à l'hôtel-Dieu d'Angers. Je crus qu'un de mes condisciples avait ouvert l'artère brachiale en pratiquant la saignée du bras, et j'envoyai, mal à propos, chercher le chirurgien en chef. On se tromperait grossièrement si on croyait que cette saccade est imprimée au sang par le tronc artériel qui passe sous la veine; c'est par l'intermédiaire des capillaires qu'elle arrive du cœur à la colonne sanguine qui s'échappe de la veine. Si on analyse de plus près le phénomène, on voit que la saccade n'est pas précisément isochrone au pouls, c'est-à-dire à la systole du cœur. Elle retarde sur cette systole, et la raison en est bien simple : nous avons vu que le pouls des artères éloignées du cœur retardait un peu sur le pouls des artères voisines de cet organe; le retard doit être ici plus considérable encore, puisque l'impulsion a traversé les capillaires et une certaine longueur du tuyau veineux. Les choses en vont à ce point, que le jet veineux alterne avec le choc artériel. Nous verrons qu'on a voulu fonder sur cette observation une théorie particulière de la circulation veineuse. La persistance de la couleur artérielle du sang qui a traversé les capillaires jette un nouvel intérêt sur le fait exceptionnel que nous étudions, mais ce n'est pas le lieu de s'en occuper ici.

Ce n'est pas seulement aux membres supérieurs qu'on a observé ce singulier phénomène. Le sang qui s'échappe d'une varice des jambes offre quelquefois le jet et la couleur du sang que lance une artère blessée (1); je l'ai vu sortir par saccades et rutilant, vers la fin d'une saignée du pied.

Enfin il n'est probablement pas nécessaire que le vaisseau soit ouvert pour que l'action accélératrice du cœur se dessine dans ces cas exceptionnels, puisqu'on a étudié et décrit de nos jours un *pouls des veines dorsales de la main.* Les termes dans lesquels M. Martin-Solon (2) a décrit ce phénomène ne laissent aucun doute dans l'esprit. Les veines, saillantes et arrondies, sont comme transparentes, d'une couleur rose légèrement bleuâtre. Elles présentent un mouvement de diastole et de systole, sensible à la vue et appréciable au toucher, comme celui de l'artère radiale. Ce mouvement cesse lorsque l'on comprime les veines vers les doigts, et persiste au contraire quand on les comprime au poignet. Si on comprime l'artère brachiale, on supprime, tout à la fois, les battements dans les artères radiale, cubitale, et dans les veines dorsales de la main. Des faits semblables aux deux qu'a cités M. Martin-Solon ont été observés par le Dr Graves, par le Dr Ward, par M. Velpeau, par M. Beau. La pulsation a été temporaire, et s'est en général montrée pendant le cours de maladies, lorsque des saignées nombreuses avaient rendu le sang plus fluide, ou chez des sujets qui, pour une cause ou une autre, avaient le sang peu plastique. Je pense, d'après ce que j'ai vu, que toutes les fois que, dans une saignée, le sang sort avec la teinte artérielle et par saccade, il faut fermer la veine.

On observe souvent, dans les troncs veineux qui avoisinent la poitrine, des pulsations, des mouvements plus ou moins tumultueux : c'est le *pouls veineux* des auteurs. J'en donnerai bientôt l'explication.

La circulation veineuse diffère encore de la circulation artérielle par ses irrégularités. La systole du cœur ébranle du même coup tout l'arbre artériel et y pousse le sang vers les capillaires;

---

(1) Nélaton, *Éléments de pathologie chirurgicale*, t. I, p. 522.

(2) *Gaz. méd. de Paris*, 1844, p. 662.

c'est une direction constante uniforme. Il n'en est pas de même pour les veines. Sans doute le cours est régulièrement centripète dans les gros troncs satellites des artères ; mais, dans ces voies si irrégulières, si variées, et surtout si fréquemment anastomosées, que j'ai décrites quelques pages plus haut, le sang veineux est loin d'affecter une direction constante. La position du corps, les contractions musculaires partielles, les mouvements plus ou moins exagérés ou inégaux de la respiration, le poussent ou l'appellent tantôt dans un sens, tantôt dans un autre.

Déjà Haller avait dit : *Venosum sanguinem certum iter non tenere, sed alio et alio tendere, quacumque viam invenit expeditiorem* (1). On voit, à la même heure et sur le même individu, certaines veines très-dilatées et d'autres à peu près exsangues ; la position du corps, l'action locale de la chaleur ou du froid, causent et expliquent ces différences.

### Causes du mouvement du sang dans les veines.

1° Le sang est mis en mouvement dans les veines, parce qu'il est *poussé* par le sang qui est introduit incessamment dans les radicules du système veineux ; c'est ce qu'on nomme *impulsion a tergo, vis a tergo.* 2° Il rencontre, sur son trajet, des causes auxiliaires d'impulsion et des conditions anatomiques adjuvantes, deux choses qu'il ne faut pas confondre et que l'on a confondues ; 3° vers la fin de sa carrière, il est attiré, aspiré. Étudions à part chacune de ces causes du mouvement du sang.

#### 1° *Impulsion a tergo, vis a tergo.*

C'est la cause fondamentale de la circulation du sang veineux. Je vais le prouver. Si on suppose l'appareil de la circulation veineuse modérément plein de sang et cessant tout à coup d'en recevoir à son point initial, toutes les colonnes de liquide, cessant d'être poussées, s'arrêteront à la fois, et, dès qu'on laissera venir de nouveau sang, elles se mettront en mouvement.

(1) *Elementa physiologiæ*, t. II, p. 338.

La démonstration de ce fait est donnée tous les jours, par la pratique de la phlébotomie, à des médecins qui font de la physiologie expérimentale comme M. Jourdain faisait de la prose. Vous avez posé un lien circulaire au-dessus du pli du bras, les veines se sont gonflées au-dessous ; avant de piquer la veine, vous augmentez la constriction exercée par le lien ; la piqûre faite, le sang jaillit, les veines se débarrassent du trop-plein par leur élasticité ; après quoi le sang cesse de couler, parce que l'artère est comprimée, le lien étant trop serré. Cependant, à ce moment, les veines ne sont pas vidées ; elles contiennent une notable colonne de sang qui a cessé de se mouvoir, *faute d'être poussée*. Relâchez le lien, et de suite le sang jaillit de la veine ouverte. Or le sang qui sort en premier lieu n'est pas celui que l'artère vient d'apporter dans l'avant-bras ; c'est celui que les veines contenaient et qui vient d'être poussé par le sang artériel, admis de nouveau dans cette partie du membre.

Le point de doctrine que j'examine a aussi été confirmé par les vivisections. Relisez le détail de l'expérience que j'ai décrite tome III, page 779 ; cette expérience n'a pas la signification que son auteur lui attribue, mais elle démontre très-bien l'influence de l'impulsion *a tergo* dans la circulation veineuse. J'ajouterai ici qu'il faut tenir compte de la situation du membre dans cette expérience. Si le membre est déclive, l'action de la pesanteur ajoute à l'impuissance des veines à se libérer sans le secours de l'impulsion *a tergo ;* si au contraire le membre est plus élevé que l'ouverture faite à la veine, celle-ci se videra comme sur un cadavre dont le sang ne serait pas coagulé.

On peut enfin, sans phlébotomie ou vivisections, constater qu'une colonne de sang reste, en général, immobile dans une veine, quand elle cesse d'être poussée. Alors que les veines du dos de votre main sont gonflées par le sang, appuyez fortement le doigt à la partie inférieure de l'une d'elles, au-dessus de ses affluents ; elle restera pleine. Le sang qu'elle contient y est donc immobile, dès qu'il ne peut être renouvelé par les capillaires.

Ceci posé, on se demande d'où vient l'impulsion *a tergo*. Derrière les veines, se trouvent les *capillaires,* les *artères* et le *cœur.* Proclamons-le de suite avec Harvey, avec Spallanzani, avec la plupart des micrographes modernes, c'est le *cœur* qui, par son action robuste et incessante, pousse toute la masse sanguine au travers du système veineux, comme dans les artères et les capillaires.

En ce qui concerne la part des *capillaires* dans la circulation veineuse, je n'ai rien à ajouter ni à retrancher à ce que j'ai écrit sur ce sujet, tome III, de la page 772 à la p. 781.

J'ai établi aussi la part des *artères,* t. III, p. 727 à 744; mais je dois mentionner ici une théorie de la circulation veineuse fondée tout entière sur l'action des artères. Un élève de la Faculté de Paris, M. le Dr Coudret, a proposé et développé, dans sa dissertation inaugurale (1), l'explication suivante, appuyée sur l'observation que la saccade, quand elle existe dans les veines, alterne avec la saccade artérielle. Le cœur, pendant la systole, pousse le sang dans les artères, les dilate, les allonge, les fait battre; puis il rentre en diastole. A ce moment, les artères opèrent leur systole et *poussent dans les veines* le sang qu'elles ont reçu. La systole des artères est donc la cause motrice du cours du sang dans les veines. Cette théorie est inadmissible. La réaction rhythmique de l'artère est empruntée à l'action du cœur, qui a poussé le sang dans ce vaisseau; d'ailleurs le sang pénètre dans les capillaires pendant la systole comme pendant la diastole du cœur.

Ces considérations nous amènent à reconnaître que le *cœur* est le véritable agent, l'agent à peu près exclusif, de l'*impulsion a tergo* que reçoit le sang qui entre dans le système veineux; et, pour résumer, en un seul mot, la part des artères et des capillaires dans la circulation veineuse, je dirai : Si on supprime tout à coup l'action du cœur par la ligature de l'aorte, expérience qui a souvent été pratiquée, les artères reviennent un peu sur elles-mêmes par leur élasticité et par cette autre force de rétraction que nous leur avons reconnue, t. III, p. 733 et suivantes. Elles se

---

(1) *Nouvelles recherches physiologiques sur les causes de la circulation veineuse ;* Thèses de Paris, 1830, n° 35.

vident plus ou moins complétement ainsi dans les capillaires, ce qui fait entrer le sang de ces capillaires dans l'origine des veines. D'une autre part, ces capillaires, comme on le voit dans la syncope, où la face pâlit, parce que le cœur a faibli, se vident aussi dans les veines, ce grand réservoir du sang; de là une légère propulsion. Mais qu'elle est faible, lente, insignifiante, comparée à cette impulsion énergique qui fait avancer le sang vers le cœur, dans tout le système veineux!

L'application de l'hémodynamomètre de M. Poiseuille aux veines donne une confirmation nouvelle, peu nécessaire, il est vrai, de l'influence du cœur sur la circulation veineuse. J'ai décrit cet instrument, t. III, p. 655, et j'ai parlé plus loin de quelques modifications heureuses qu'on lui avait fait subir en France. On lui en a fait subir aussi à l'étranger. On pouvait reprocher à cet instrument de supprimer le cours du sang dans le vaisseau auquel on l'adapte; d'être, en un mot, appliqué sur un *bout* de vaisseau, et non sur le *côté* d'un vaisseau que le sang continuerait de parcourir. MM. Ludwig, Spengler et Valentin (1), ont fait disparaître cet inconvénient, qui, à tout prendre, n'était que théorique, puisque leurs résultats sur les artères, aussi bien que sur les veines, sont conformes à ceux qu'on a obtenus en France. M. Poiseuille (2), dans cette nouvelle expérience, tourne l'ouverture du tube vers les capillaires; la pression, comme on le devine, est loin d'égaler celle que l'on constate quand on met le tube dans une artère. Mis dans une veine d'un gros animal, le tube accuse tout au plus 10 à 15 millimètres de pression; tandis que nous l'avons vu accuser pour l'artère d'un cheval 182,05 millim., et pour l'artère d'un chien 141,40 millim. On obtient des résultats plus saisissables, quand on agit sur les veines, en substituant, dans le tube, une dissolution alcaline au mercure. Nous venons de dire que, dans une expérience avec le mercure, M. Poiseuille avait obtenu 10 millimètres de pression; il remarqua bientôt

(1) Muller's *Archiv fur Anatomie*, 1844, S. 49, et Valentin, *Lehrbuch der Physiologie*, B. I, p. 454.

(2) *Journal universel et hebdomadaire de médecine et de chirurgie*, t. III, p. 100; 1831.

qu'il y avait de petites oscillations dans la colonne mercurielle, et que les *maxima* étaient en rapport avec l'expiration et l'action du ventricule gauche. Dans les grands efforts de l'animal, la pression a atteint 18, 20 et jusqu'à 24 millim. Or, les efforts d'expiration ayant aussi pour effet d'augmenter la tension des artères par le sang que lance le ventricule gauche, la simultanéité du résultat dans les artères et les veines prouve que l'impulsion donnée par le cœur est présente dans les unes comme dans les autres. Le tube, dans cette expérience, était placé dans la veine humérale d'un chien. L'instrument ayant été adapté ensuite à la saphène d'un autre chien, les pressions et l'excursion du mercure furent plus grandes. Pendant la coïncidence de la diastole du cœur avec l'inspiration (c'est la condition du *minimum*), on obtenait 42 millim. de pression; puis, pendant la systole du cœur, le mercure montait à 48 millim. Il atteignait 48, 5 millim. pendant l'expiration; l'animal faisait-il de violents efforts, pendant lesquels l'expiration devenait plus énergique, le mercure s'élevait jusqu'à 85 millim. Ces expériences, répétées sur huit chiens, en agissant tantôt sur les veines humérales, tantôt sur les saphènes, montrèrent constamment la pression plus forte dans le train postérieur que dans l'antérieur. J'ai dit qu'en substituant au mercure la dissolution de sous-carbonate de soude, on avait des excursions bien plus considérables. La dissolution alcaline, qui n'atteint que peu à peu, et par une ascension continue, mais non uniforme, le niveau où elle fait équilibre à la pression exercée par le sang veineux, est déjà soumise, pendant cette ascension, à des saccades qui démontrent l'action accélératrice de la systole ventriculaire et de l'expiration. Le tube étant placé dans la veine saphène d'un chien, on obtient une élévation de 460 millim. environ, lorsque l'animal est tranquille; s'il fait des efforts, le liquide monte à 480, 550, 620 millim. (1).

M. Chassaignac (2), qui a répété ces expériences, a attaqué les

(1) *Journal universel et hebdomadaire de médecine et de chirurgie*, t. III, p. 101; 1831.

(2) *Quels sont les agents de la circulation veineuse?* Thèse pour le concours de l'agrégation, p. 21 et suiv.; Paris, 1835.

résultats ou du moins les explications de M. Poiseuille. M. Chassaignac attribue exclusivement aux contractions musculaires ce que M. Poiseuille fait dépendre, plus particulièrement, de l'expiration et de la systole du cœur. M. Poiseuille a répliqué. Il s'est établi entre ces deux honorables adversaires une polémique assez vive, dans laquelle M. Poiseuille a reproché à M. Chassaignac d'avoir négligé, dans ses expériences, certaines précautions nécessaires à la pureté des résultats (1). M. Magendie (2) a reproduit ces expériences, en les modifiant, et s'est rangé à l'opinion de M. Poiseuille, qui est aussi la mienne.

Avant d'abandonner ce sujet, je dois vous faire connaître que plusieurs causes peuvent faire varier le degré de pression du sang à l'intérieur des veines. L'énorme différence qui existe, à cet égard, entre les veines et les artères, ne tient pas seulement à la dilatabilité et à la souplesse des veines; elle est due, encore et principalement, à ce que la carrière veineuse est beaucoup plus ample que la carrière artérielle. On peut, en réduisant la première par des ligatures, y augmenter la tension. C'est ainsi que M. Poiseuille, ayant fait revenir le sang d'une partie par une seule veine, du volume de l'artère qui alimentait cette partie, a vu la pression devenir à peu près égale dans les deux vaisseaux. Par contre, la pression diminue dans la veine, si on fait des piqûres à quelques-unes des artères qui vont à la partie sur laquelle on opère (3). M. Magendie (4) a obtenu de ses expériences des résultats analogues à ceux que je cite. Une de ses expériences est à la fois très-originale et très-concluante. Il adapte à l'une des jugulaires l'hémodynamomètre, l'ouverture dirigée vers les capillaires; un lien jeté autour de l'autre jugulaire permet de réduire pro-

---

(1) *Gazette médicale de Paris*, 1836, p. 494, 617.

(2) *Leçons sur les phénomènes physiques de la vie*, t. III, p. 148.

(3) Voyez l'expérience que j'ai rapportée, t. III, p. 780; on y a écrit par inadvertance que c'était le *sang veineux* qui montait dans la longue branche, tandis qu'il fallait dire que c'était la dissolution alcaline poussée par le sang veineux.

(4) *Leçons sur les phénomènes physiques de la vie*, t. III, p. 181.

gressivement la lumière de ce vaisseau. On voit alors le mercure monter dans le tube en proportion de l'obstacle que l'on oppose au passage du sang dans la jugulaire entourée de la ligature; de telle sorte que l'ascension du mercure, qui primitivement était de 15 à 17 millimètres, est portée de 20 à 26 millimètres, quand on a serré la jugulaire. On peut constater aussi, sans rien changer aux conditions normales des veines, que leur tension intérieure n'est pas la même dans toutes les régions du corps d'un même animal. Dans les expériences de M. Magendie, on la voit beaucoup plus considérable dans la veine crurale que dans la veine jugulaire. M. Mogk (1), appliquant comparativement à la veine jugulaire, à la brachiale et à la crurale, l'appareil de MM. Ludwig et Spengler, a constaté que la tension était égale, dans le premier de ces vaisseaux, à 13 millimètres de mercure, dans le deuxième, à 15, et dans le troisième, à 23 millimètres. M. Magendie a obtenu un chiffre plus considérable encore pour la crurale : il agissait sans doute sur un animal plus vigoureux ou plus gros.

### *Impulsions additionnelles et circonstances adjuvantes.*

L'impulsion *a tergo*, qui introduit incessamment de nouveau sang dans l'origine des veines, suffirait pour ramener ce liquide à son point de départ, c'est-à-dire au cœur; mais le cours du sang est aidé encore dans ces vaisseaux soit par de nouvelles causes d'impulsion, soit par des conditions anatomiques qu'il appartient à la physiologie de signaler. J'étudierai, sous ce double rapport, l'*action des veines* et les pressions *extérieures*, notamment les effets des *contractions musculaires*. Dans les veines, il faut apprécier à part l'influence des *parois*, celle des *valvules* et celle des *anastomoses*.

---

(1) Mogk, *de Vi fluminis sanguinis in venarum cavarum systemate*; Marburg, 1843. Henle et Pfeuffer, *Zeitschrift fur rationelle Medicin*, B. III, S. 33.

### Influence des parois veineuses.

On peut sans doute, en se plaçant au point de vue de l'histologie pure et de l'analyse microscopique, montrer dans tous les vaisseaux sanguins les mêmes éléments anatomiques, et prononcer, en conséquence, qu'il n'y a pas de différences fondamentales entre les artères et les veines; mais cette considération, dans laquelle se complaisent les anatomistes, est plus propre à égarer le physiologiste qu'à le guider. Le simple aspect d'une veine y révèle des caractères physiques bien différents de ceux des artères, et ces caractères sont en rapport avec les fonctions de ces vaisseaux.

Les veines ont des parois très-minces; elles doivent à cette circonstance d'être *très-dilatables*. Leur facile ampliation est en rapport avec la destination que j'ai signalée plus haut, celle de servir de réservoir au sang; elle a encore un autre usage. Des causes sans nombre mettent, à chaque instant, des entraves partielles au retour du sang veineux; le trop-plein s'accumule momentanément dans les veines dilatées. Celles-ci, dès que l'obstacle a cessé, réagissent sur le sang qui s'y est accumulé et le poussent dans les parties devenues perméables.

La *dilatabilité* est donc dans les veines une propriété importante. Il est cependant des parties du système où cette propriété manque plus ou moins complétement et où elle serait nuisible. Mettez, à la place des sinus de la dure-mère, de grosses veines pour le retour du sang: l'ampliation de celles-ci ne pourra se faire sans préjudice des fonctions du centre nerveux. Même remarque pour les veines intra-rachidiennes, qui offrent presque les conditions des sinus.

Bien que très-dilatables, les veines offrent cependant une grande force de résistance aux ruptures par agents mécaniques; à cet égard, elles l'emportent sur les artères, dont pourtant elles sont loin d'égaler l'épaisseur. On ne peut aborder ce sujet sans rencontrer le nom de l'expérimentateur qui, avant le milieu du dernier siècle, soumit à des recherches si patientes et si multipliées le système vasculaire, envisagé dans ses propriét physiques (1). Clifton Wintringham n'est pas le premier, sans doute, qui se soit occupé de ce sujet; mais il est allé bien plus loin que ses devanciers. Déjà Hales (2) nous montre la veine jugulaire soutenant, sans se rompre, une colonne d'eau de 148 pieds de hauteur. Wintringham, dis-je, est allé beaucoup plus loin dans cette carrière. A ne consulter que les auteurs de physiologie, qui presque tous, j'en ai la certitude, ont cité cet auteur sans l'avoir lu, on croirait que Wintringham mesurait la force des artères et des veines en y suspendant des poids jusqu'à rupture de ces vaisseaux; rien de tout cela. Wintringham a étudié la résistance des artères et des veines à une pression excentrique qui tendait à les faire crever, et qui les crevait effectivement, quand elle était parvenue à un certain degré d'énergie. C'était de l'air qui était employé pour dilater le vaisseau, et comme cet air repoussait en même temps du mercure dans un très-long tube de verre gradué, il était facile de calculer le poids qu'avait supporté le vaisseau avant de se rompre ou de laisser échapper l'air au travers de ses parois éraillées. Voici quelques-uns de ses résultats. La veine iliaque d'un bélier supporta, avant de livrer passage à l'air, une pression de 4 atmosphères, plus 18 centièmes; sa force était à celle de l'artère correspondante comme 1034 est à 1000 (3). La veine cave inférieure d'un bélier, près de la veine rénale, surpasse en ténacité l'aorte, prise à la même hauteur, dans la proportion de 1110 à 1000 (4).

Il fallut un poids de 176 livres et quart pour rompre la veine cave d'un bélier à la hauteur des veines rénales; l'aorte, à la même hauteur, céda à un poids de 158 livres.

Les différences de résistance entre l'aorte et la veine cave sont plus marquées chez les mâles que chez les femelles.

La veine porte a des parois très-tenaces; elle surpasse non-

---

(1) Clifton Wintringham, *Experimental inquiry on some parts of the animal structure;* London, 1740.

(2) *Hæmastatique ou Statistique des animaux*, p. 136.

(3) *Experim. inquiry*, p. 100.

(4) *Loc. cit.*, p. 73.

seulement l'aorte, mais encore la veine cave. La veine porte d'une brebis supporta près de 5 atmosphères (4,98). Sa force était à celle de l'aorte comme 1144 est à 1000, et à celle de la veine cave comme 6 est à 5 (1). Dans une autre expérience, le rapport entre la résistance de la veine porte et celle de la veine cave fut comme 1544 est à 1000 (2). Une autre fois, la veine porte supporta près de 6 atmosphères (5,73) (3).

Ces veines si résistantes sont cependant bien minces, comparées à leurs artères satellites. L'épaisseur de la veine cave est à celle de l'aorte, suivant Keil (4), comme 97 à 510. Clifton Wintringham (5) l'a trouvée sur l'homme, comme 9 à 154; sur le veau, comme 11 à 158, et sur le cochon, comme 16 à 262.

Mais, si elles sont plus minces et plus dilatables, les veines ont cependant une densité un peu supérieure à celle des artères. La pesanteur spécifique de la veine cave d'un jeune homme fut à celle de l'aorte comme 26 est à 25 (6); elle fut sur un vieillard comme 140 est à 139; sur un veau, comme 28 est à 27; sur un jeune porc, comme 519 à 500. En général, la différence est plus prononcée chez les jeunes sujets que chez les individus avancés en âge.

Les parois des veines sont plus épaisses dans les parties où le cours du sang est contrarié par l'action de la pesanteur. Il n'est pas d'anatomiste qui n'ait fait cette remarque sur la veine saphène interne, et qui n'ait surtout été frappé de l'épaisseur des parois de la veine poplitée, épaisseur telle que la veine coupée en travers offre presque l'apparence et l'ouverture béante d'une artère. Les veines des pieds, dit Haller (7), d'après Cheselden, sont plus robustes que les autres.

On a vu dans cet état anatomique un nouvel argument en fa-

---

(1) *Loc. cit.*, p. 180.
(2) *Loc. cit.*, p. 192.
(3) *Loc. cit.*, p. 189.
(4) *De Quantitate sanguinis*, p. 112.
(5) *Experim. inquiry*, expérience 5.
(6) Wintringham, *loc. cit.*, p. 8 et 9.
(7) *Elementa physiologiæ*, t. I, p. 129.

veur de la destination originelle de l'homme à la station bipède; on lit dans la monographie de Marx (1) : *Neque negaverim hoc discrimen ex ipso effici quod homo erectus incedit.* Dans la vache, le taureau, le loup, le paon, il n'y a pas de différence d'épaisseur entre les provenances des deux veines caves.

Il est difficile d'expliquer comment, avec une ténacité supérieure à celle des artères, les veines sont incomparablement plus sujettes que celles-ci aux ruptures pendant la vie. Nous avons vu qu'il suffit d'une colonne de mercure de **10** à **15** millimètres pour faire équilibre à la pression excentrique que le sang exerce à l'intérieur de ces vaisseaux. Est-il supposable que certains troubles de la circulation, certaines violences, puissent porter accidentellement et localement cette pression au delà du poids de 5 atmosphères? Il me semble plus naturel d'admettre que ces ruptures ont été préparées, dans la plupart des cas, par un amincissement morbide des parois veineuses.

Les veines sont moins extensibles en long qu'en travers.

Wintringham a observé ce fait singulier, que dans les vaisseaux des glandes et de la rate, la ténacité des artères dépasse celle des veines.

Il fallut une pression égale à 6,2 atmosphères pour rompre les parois de l'artère splénique (2), tandis que la veine splénique laissa échapper l'air au travers de ses parois, dès qu'on eut dépassé une atmosphère; d'où il suit que la force de l'artère était à celle de la veine comme 4336 est à 1000. Dans une autre expérience, l'air commença à s'échapper de la veine splénique avant que la pression égalât une atmosphère (3). La veine rénale laisse aussi échapper l'air avant que la pression ait atteint une atmosphère et demie; son artère est plus forte qu'elle dans la proportion de 4080 à 1000 (4). Ces faits, que la plupart des auteurs ont laissé passer inaperçus, sont très-singuliers.

---

(1) **Marx**, *Diatribe de structura venarum*, p. 27.

(2) *Experim. inquiry*, p. 158.

(3) *Loc. cit.*, p. 164.

(4) *Loc. cit.*, p. 169.

Ceci posé sur la *dilatabilité* des veines et leur *force de résistance,* voyons la réaction de leurs parois. Après s'être laissé dilater, elles reviennent sur elles-mêmes dès que les obstacles ont disparu, et poussent ainsi le sang vers le cœur. Cette réaction, dont le degré varie suivant des circonstances que j'indiquerai, est le produit de deux propriétés importantes des veines, leur *élasticité* et une *force contractile* autre que l'élasticité. Ces deux propriétés n'interviennent pas seulement après une dilatation préalable des veines; elles modèrent d'une manière permanente cette dilatation, de sorte que le sang est obligé d'obéir à l'impulsion *a tergo* qui est la cause fondamentale de son cours. La réaction des parois manque là où la dilatabilité n'existe pas, comme dans les canaux veineux des os, les sinus; le sang y coule surtout par l'impulsion *a tergo.*

L'*élasticité* des veines ne siége pas dans une membrane particulière de ces vaisseaux, elle appartient à toute l'épaisseur de la paroi. On ne voit pas distinctement dans ces veines les membranes superposées que le scalpel sépare dans les artères. Diemerbroeck disait des descriptions qu'on en avait faites : *Meras imaginationes, experientiæ et rationi contrarias omnique refutatione indignas.* On parvient cependant à *voir,* sinon à isoler, une couche interne revêtue d'épithélium, offrant des stries plutôt que des fibres longitudinales : c'est la *membrane* ou *tunique interne* des veines, membrane dite *fondamentale,* parce qu'elle est présente dans toute la carrière du sang veineux, dans les sinus, dans les prétendues lacunes. On n'y peut démontrer de fibres élastiques, et cependant elle est élastique, car les lamelles qu'on parvient à grand' peine à isoler à la face interne des grandes veines se roulent sur elles-mêmes dès qu'on les a soulevées.

Mais, dans la membrane dite moyenne des veines, tunique moyenne, le microscope démontre les deux variétés de fibres élastiques que nous avons décrites t. I, p. 234, et ces fibres de noyau qui passent par degrés à l'état de fibres élastiques, t. I, p. 233. Ces fibres ne constituent pas une couche distincte, elles y sont entrelacées avec d'autres fibres dont il sera question plus loin.

Enfin l'élasticité est très-marquée encore dans la tunique extérieure ou celluleuse, tunique dartoïque de quelques auteurs, composée de fibres de tissu cellulaire et de fibres de noyau.

La question de savoir si les veines *réagissent* autrement que par l'*élasticité* de leurs parois a été très-controversée; de nos jours, les expériences et le microscope l'ont résolue. Lorsque, dans l'enfance de la science, on croyait le sang contenu tout entier dans le système veineux, on faisait une grande part à la contractilité de ces vaisseaux; puis, quand la physiologie prît un caractère expérimental, on ne tarda pas à voir la contraction de la veine cave inférieure au voisinage du cœur. Waleus l'avait constatée chez les animaux inférieurs; Boerhaave avait admis un temps pour la contraction de la veine dans le rhythme des battements du cœur (voyez t. III, p. 618 de cet ouvrage); Haller note parfois, dans le compte rendu de ses vivisections, que « la veine cave pousse vigoureusement le sang vers l'oreillette. » Je vous ai dit ailleurs que c'était même l'*ultimum moriens*. Certains auteurs avaient conclu, par analogie, de la veine cave aux autres veines du corps. L'induction n'était pas légitime; car il y a dans la veine cave, auprès du cœur, des contractions rhythmiques opérées par une couche *musculaire* très-évidente, et rien de semblable, ni dans les phénomènes ni dans la structure, ne se voit dans les autres parties du système des veines caves des mammifères. D'autres physiologistes, tels que Harvey (1), Waleus (2), Pecquet (3), Glisson (4), accordaient aux veines une sorte de mouvement péristaltique, comme celui des intestins. Haller fit justice de ces rêveries; mais ses admirables recherches sur l'irritabilité le conduisirent à nier trop exclusivement le pouvoir contractile des veines. Il s'exprime sur ce sujet

(1) *De Motu cordis et sanguinis in animalibus*, in-4°; Francof., 1628.

(2) *De Motu sanguinis epistola*, in-8°; Leyde, 1641.

(3) *Dissert. anat. de circulatione sanguinis*, in-12; Paris, 1651.

(4) *Tractatus de ventriculo et intestinis*, in-8°; Amstel., 1677.

dans les termes suivants : *Nam et absque conspicuis musculosis fibris venas esse ostendimus, et absque irritabili natura. Inque vivorum animalium incisionibus neque venas contrahi vidimus, neque incisis venis vulnera dilatari, quæ tamen dissectarum fibrarum retractio etiam a debili vi contractili expectari posset* (1).

En 1819, la doctrine de l'irritabilité des veines fut de nouveau soutenue par l'auteur d'une des plus savantes dissertations qui aient été composées sur le système veineux (2). Marx établit, sur de nombreuses expériences, les propositions suivantes, qu'il regarde comme autant de preuves de la contractilité des veines. Si l'on enferme une colonne de sang entre deux ligatures portées sur une veine et qu'on fasse une ponction au vaisseau, le sang s'échappe avec vélocité, si l'animal est vivant; il s'écoule lentement, si l'animal est mort. — Les veines offrent des alternatives rapides de dilatation ou de resserrement, suivant la quantité de sang qui y afflue. — Les veines, blessées ou coupées sur le vivant, reviennent sur elles-mêmes, et ferment presque l'ouverture qu'on leur a faite. — Sur le vivant, les veines se contractent sous l'influence de certains stimulants et restent insensibles à d'autres agents. L'huile de vitriol (acide sulfurique) et le galvanisme les excitent à la contraction; tandis que la piqûre par un instrument acéré, l'esprit de nitre (acide azotique), l'étincelle électrique, agissent à peine sur elles. — Lorsque, sur le vivant, une veine se réduit de plus de la moitié de son diamètre, on ne peut attribuer qu'à une contraction active du vaisseau ce grand resserrement que l'élasticité ne pourrait produire. — Certaines stimulations modérées peuvent aussi faire contracter les veines (l'air extérieur, l'eau froide, etc.).

Plusieurs de ces propositions, transformées en arguments, seraient passibles sans doute d'objections sérieuses; je ne les ferai point, puisqu'il est démontré aujourd'hui que les veines

---

(1) *Elementa physiologiæ*, t. II, p. 325.

(2) Marx, *Diatribe anatomico-physiologica de structura atque vita venarum*, in-8°; Carlsruhæ, 1819.

possèdent, en même temps que l'élasticité, un autre pouvoir contractile. Examinez, pendant une matinée un peu froide, les veines du dos de votre main; elles sont réduites à un si petit diamètre, qu'à peine un filet rouge en indique-t-il le trajet, et parfois même vous ne voyez plus rien. L'élasticité seule ne pourrait amener cet état. Je me suis demandé souvent si la réduction du diamètre des veines, dans une main refroidie, ne tenait pas plutôt à la contraction tonique de la peau dans laquelle les veines sont plongées qu'à la contraction de ces dernières; je pense que l'une et l'autre causes y concourent.

Une expérience pratiquée sur les veines gonflées du dos de la main a donné une nouvelle démonstration de la faculté contractile des veines. Cette démonstration a été faite par M. Gubler, agrégé à la Faculté de médecine de Paris; il l'expose à peu près en ces termes: «Une veine du dos de la main étant gonflée, on la percute vivement; on voit alors, non pas immédiatement, mais au bout d'un très-court intervalle, la veine se rétrécir au niveau du point touché, puis la constriction s'étendre par degrés, au-dessus et au-dessous de ce point, jusqu'aux plus prochaines anastomoses, dans une longueur de 4 à 5 centimètres par exemple. Le sujet perçoit la sensation de cette contraction. La veine, devenue filiforme, se dilate ensuite au point percuté, de manière à y former une petite bosselure; puis tout rentre dans l'ordre. Les veines voisines ne participent en rien au phénomène. L'expérience réussit bien chez les sujets jeunes et à veines développées, elle manque chez les vieillards. La réplétion de la veine est une condition indispensable du succès de l'expérience» (1).

Enfin Kölliker, soumettant les veines d'une jambe qu'on venait d'amputer à l'action excitante d'un appareil électro-magnétique, a mis hors de doute l'irritabilité de ces vaisseaux. Les deux veines saphènes, mises successivement en contact avec les pôles de l'instrument, à leurs deux extrémités, commencèrent à se resserrer au bout de quelques secondes; au bout d'une minute, elles

---

(1) *Bulletin de la Société de biologie*, 1849, p. 79.

s'étaient libérées du sang qu'elles contenaient encore, et avaient pris l'aspect d'un cordon blanc. L'irritabilité persista pendant près de deux heures dans les veines; elle fut plus promptement éteinte dans les artères et les lymphatiques (1).

Après avoir constaté que les veines sont irritables, on a dû chercher dans leurs parois l'élément contractile. Cet élément est évident là où nous avons signalé les contractions énergiques de la veine cave inférieure; la fibre musculaire se montre même, chez certains animaux, le cheval en particulier, dans toute la portion de la veine cave inférieure comprise entre les veines rénales et l'oreillette droite. Il y a aussi des fibres musculaires rouges et striées aux points d'affluence des veines pulmonaires dans l'oreillette gauche, de la veine cave supérieure dans l'oreillette droite, et, chez certains animaux, des veines sus-hépatiques dans la veine cave inférieure; mais il ne faut pas que l'induction généralise cette disposition. La fibre musculaire rouge et striée est absente dans le reste du système. Les fibres musculaires qu'on y trouve appartiennent à la classe des fibres lisses et à cet élément contractile particulier décrit par Kölliker, et que nous avons déjà fait connaître *passim* sous le nom de *fibres-cellules musculaires* (*muscular fibre-cells*). Nulle part elles ne forment une couche distincte; elles sont entremêlées dans la tunique moyenne avec les fibres élastiques, les fibres striées, et quelques fibres celluleuses. Dans cette tunique composée, les fibres de toutes sortes affectent les unes une direction *transversale*, les autres une direction *longitudinale*; mais elles sont entremêlées et ne forment point des couches superposées, comme l'a figuré Marx, qui montre les *longitudinales* en dehors et les *transversales* en dedans. Bon nombre d'anatomistes ont nié ces dernières. M. Salter nomme cette membrane *middle coat of intermixed circular and longitudinal fibres* (2), c'est-à-dire *tunique moyenne de fibres circulaires et longitudinales*. M. Verneuil a proposé la dénomination un peu longue, mais plus explicite,

(1) *Zeitschrift fur wissenschaftliche Zoologie*, t. I, p. 258; 1849.

(2) *Cyclopædia of anatomy and physiology*, t. IV; 1838.

de *membrane élastique fibreuse et musculaire, à fibres longitudinales et transversales* (1). Une plus grande proportion de fibres se trouve dans la partie de la circonférence des veines qui est accolée à l'artère satellite.

Après avoir démontré l'existence de l'irritabilité des veines par l'observation directe, l'expérimentation et l'anatomie, il me reste à en indiquer le degré et l'influence; car je craindrais, si je n'étais plus explicite, que vous ne vous fissiez des idées exagérées de cette propriété.

Et d'abord disons que la contractilité dans les veines n'y a point un caractère *rhythmique*, si ce n'est près de l'oreillette, où la couche contractile de la veine semble une expansion de la nature charnue du cœur (2).

Elle n'a point non plus le caractère péristaltique que divers auteurs lui ont attribué (voy. plus haut, page 28).

Elle n'a jamais pour résultat une action brusque, comme celle des muscles de la vie animale. Le jet qu'on obtient en ponctionnant, sur un animal vivant, une veine distendue par du sang qu'on vient d'y enfermer entre deux ligatures, est certainement un effet de l'élasticité du vaisseau. Si on n'obtient pas le même résultat en opérant sur le mort, c'est que le sang mort n'a plus les propriétés physiques du sang vivant. Il s'est fait des coagulations, le sérum a transsudé au travers des parois du vaisseau; la tension élastique et par conséquent le jet seront moindres. Je ne conçois pas que des hommes de sens aient pu voir, dans ce premier temps de l'expérience, une démonstration de l'irritabilité des veines; mais qu'on examine le second temps, et l'expérience prouvera quelque chose. La veine morte, si elle est horizontale, ne se videra pas complétement; on verra souvent, au contraire (je dis *souvent*,

---

(1) *Le Système veineux*, thèse pour le concours de l'agrégation, p. 97; Paris, 1853.

(2) La contraction rhythmique que Wharton Jones a découverte dans les veines de l'aile de la chauve-souris, veines pourvues de valvules, n'a ni l'activité ni la régularité des contractions du cœur; de 7 à 14 fois par minute, le calibre du vaisseau diminue, et ses parois deviennent plus épaisses (*Philosophical transactions*, 1852, p. 131).

parce que l'irritabilité dans les veines est chose capricieuse), on verra, dis-je, la veine vivante se vider peu à peu et prendre l'aspect d'un cordon fibreux. Voilà l'effet et la preuve de la contractilité vitale du vaisseau.

L'irritabilité des veines réagit lentement après l'action des excitants, et souvent elle se montre sourde à leurs provocations; le froid cependant la met presque toujours en jeu.

D'après ces considérations, je me crois en droit d'affirmer que la contractilité des veines a surtout pour usage d'accommoder le diamètre de ces vaisseaux à la quantité du sang qui passe dans les différentes régions, et qu'elle ajoute peu de chose à l'action impulsive du cœur.

Pour qu'elle constituât une force additionnelle importante, il faudrait qu'elle fût *rhythmique* ou *péristaltique* (ce qui est une modification du rhythme); or elle ne l'est pas. Que les veines d'une partie soient contractées d'une manière permanente, pendant un certain temps, elles n'en pousseront pas plus vigoureusement le sang vers le cœur. Lorsque, sur une main un peu refroidie, les veines superficielles sont presque complétement effacées, à force d'être contractées, il y passe incomparablement moins de sang, en un temps donné, que dans les veines dilatées d'une main exposée à la chaleur. Chacun pourra imaginer et pratiquer sur soi-même les expériences qui démontrent cette proposition. Dans l'une et l'autre main, le calibre des veines est proportionné à la quantité de sang qui y passe. Il me semble qu'on n'a guère réfléchi à tout cela.

Il existe dans l'appareil de la circulation veineuse de certains poissons une disposition qui rappelle celle que nous avons vue dans le système lymphatique de plusieurs reptiles; ceux-ci ont des cœurs lymphatiques, ceux-là ont des *cœurs veineux*. Il y en a un, de chaque côté, dans le queue de l'anguille (1) et de quelques genres voisins.

(1) Marshal-Hall, *A critical and experimental essay on the circulation of the blood*, in-8°, p. 170, pl. x; London, 1831.

# QUATRE-VINGT-DOUZIÈME LEÇON.

## DE LA CIRCULATION.

(Suite.)

### COURS DU SANG DANS LES VEINES.

(Suite.)

### *Influence des valvules.*

MESSIEURS,

Les anatomistes qui précédèrent la Renaissance n'eurent aucune connaissance du merveilleux appareil dont nous allons expliquer le mécanisme. Cannani, professeur d'anatomie à Ferrare, annonce, dans une lettre qu'il adresse à Amatus Lusitanus, qu'il a trouvé, en 1547, des replis valvulaires dans la veine azygos et quelques autres veines (1). Ce qu'il y a de curieux dans la découverte de Cannani, c'est qu'elle est faite sur une veine où de grands anatomistes ont nié depuis l'existence de valvules, et qui du reste n'en est que médiocrement pourvue, puisqu'elle n'en possède qu'une. Après avoir été l'objet de vives controverses, les valvules de l'azygos, aussi bien que les autres, étaient tombées dans un tel oubli, qu'un autre anatomiste italien, Piccolomini (2),

(1) Amatus Lusitanus, *Curationum medicinalium cent. prima*, in-8°, p. 258; Florence, 1551. Avant Cannani, Charles Estienne (*de Dissectione partium corporis humani libri* III, in-f°, p. 183, 357; Paris, 1545) avait parlé d'épiphyses trouvées par lui dans les veines; mais il n'est pas certain que sous ce nom il ait entendu désigner plutôt des valvules que les éperons que forment à l'intérieur les vaisseaux en se bifurquant. Les épiphyses des orifices des veines sus-hépatiques de la veine cave ne pouvaient être que ces éperons.

(2) *Anatomicæ prælectiones*, in-f°, p. 412; Romæ, 1586. « Unum solum » eis addere volo, magni momenti, ab omnibus prætermissum, quod mihi sum-

crut en avoir fait la découverte en 1586, et faillit tomber en extase en les voyant si abondamment répandues dans le système veineux. Il paraît que son enthousiasme ne fut pas contagieux, puisque en 1603 l'illustre Fabrice d'Aquapendente, maître du grand Harvey, publiant les résultats de ses recherches sur les valvules des veines, affirme que ni anciens ni modernes ne les avaient aperçues avant lui. Voici ses expressions :

*De his itaque in præsentia locuturis, subit primum mirari, quomodo ostiola hæc, ad hanc usque ætatem tam priscos quam recentiores anatomicos adeo latuerint; ut non solum nulla prorsus mentio de ipsis facta sit, sed neque aliquis prius hæc viderit quam anno* 1574, *quo a me summa cum lætitia inter dissecandum observata fuere* (1).

L'assertion de Fabrice et son magnifique travail l'ont fait généralement regarder comme *inventor*, en ce qui concerne les valvules des veines; mais il appartenait à son immortel disciple d'expliquer leur mécanisme et d'en faire sortir la découverte du mouvement circulaire du sang.

Disons de suite que leur office général est d'empêcher que le sang ne rétrograde vers les capillaires; cela va nous donner, à très-peu d'exceptions près, la loi de leur direction.

La comparaison qu'on en a faite avec des nids ou paniers de pigeon est parfaitement juste; mais elles ne prennent cette forme qu'au moment où elles fonctionnent, au moment où elles résistent à une tendance rétrograde du sang. Elles s'écartent alors de la paroi du vaisseau auquel elles sont appliquées à l'état de repos, et laissent entre elles et cette paroi une cavité (*cavité valvulaire*) qui représente la cavité du panier de pigeon. La paroi de la veine est ordinairement renflée, amincie, là où elle complète la cavité valvulaire, ce qui est un effet de la pression

---

« mam admirationem, quum illud comperi, ita excitavit, ut fere in ecstasim « ageret. Quod est, in mediis venis reconditas esse innumerabiles pene valvas, « quemadmodum in orificiis vasorum cordis. Hæ venarum valvæ maxime « conspicuæ sunt in divisione ramorum venæ cavæ. »

(1) *Hieronymi Fabricii ab Aquapendente opera* (*de Venarum ostiolis*, p. 1).

que le sang, dans sa tendance rétrograde, exerce tout à la fois sur la valvule et la paroi veineuse. Les veines injectées sur le cadavre, ou simplement gonflées de sang sur le vivant, offrent à l'extérieur des nodosités qui correspondent à ces petites excavations ou *sinus* et permettent de reconnaître, sans dissection préalable, et même au travers des téguments, la place de certaines valvules. Quelquefois on pique ces nodosités dans la phlébotomie, et cela n'a pas d'inconvénients. L'ouverture du panier de pigeon, ou, si on veut, le bord libre de la valvule et les cornes qui le terminent, regardent vers le cœur; tandis que le bord par lequel la valvule est attachée à la veine, et qui est convexe, est dirigé vers les capillaires. Dans certaines veines anostomotiques, dont on ne peut connaître *a priori* le bout qui correspond au cœur, le sens du courant est indiqué par la direction des valvules.

Telle est donc la configuration des valvules au *moment où elles fonctionnent.* Elles la perdent dès que le sang coule uniformément vers le cœur; elles sont alors comme non avenues. Le sang les applique vers la paroi du vaisseau; alors la cavité valvulaire disparaît plus ou moins complétement. Puis, dès le moment où se manifeste le plus petit mouvement rétrograde, le sang détache le bord libre de la valvule de la paroi du vaisseau, le pousse vers l'axe de la veine; la cavité valvulaire reparaît, ainsi que la forme du panier de pigeon, et le mouvement rétrograde est arrêté. La séparation de la valvule d'avec la paroi veineuse est favorisée, du reste, par la petite quantité de sang qui a dû rester dans le petit sinus veineux dont nous avons parlé plus haut, et qui éloigne un peu la valvule de la paroi.

Les valvules que je viens de décrire, au point de vue physiologique, sont généralement disposées par paires dans les gros troncs et dans les vaisseaux de moyenne grosseur. Chacune d'elles, au moment du reflux, obture la moitié du vaisseau. Elles s'appliquent alors l'une à l'autre, non-seulement par leurs bords libres, comme on le dit, mais aussi par leur face interne, à la manière des valvules sigmoïdes de l'aorte et de l'artère pulmonaire (voy. t. III, p. 729). Lorsqu'elles sont de grandeur inégale, ce qui a été vu par Kerkringius, cité par Haller (1), elles se partagent inégalement aussi, pendant leur redressement, la cavité du vaisseau, qui n'en est pas moins bien close.

On rencontre encore des valvules disposées par paires dans les petits rameaux, mais là pourtant elles sont le plus souvent solitaires et un peu plus allongées. On voit surtout ces valvules solitaires aux pieds et aux mains; Haller les a rencontrées dans la veine spermatique, la veine azygos (2). C'est une veine solitaire, celle qui couvre l'orifice de la grande veine coronaire. Elles ne sont pas toujours absentes dans les gros troncs veineux. Leur mécanisme est un peu différent de celui des valvules géminées. Pendant leur redressement, leur bord libre est porté vers la paroi opposée à l'implantation de la valvule. Le reflux est ainsi empêché; mais il peut facilement s'établir une insuffisance, si la dilatation du vaisseau devient considérable.

On voit plus rarement des valvules triples; cela se rencontre plus fréquemment peut-être dans la veine crurale que dans d'autres veines. Morgagni (3) les a vues et Bidloo (4) les a figurées dans la jugulaire. Les valvules triples rappellent les valvules sigmoïdes des artères et fonctionnent comme elles. Kerkringe a vu et Bidloo a fait représenter des valvules *quadruples* et *quintuples;* mais on pourrait passer vingt ans, le scalpel à la main, sans rencontrer chez l'homme cette singulière disposition.

La situation des valvules intéresse le physiologiste. Qu'on ouvre longitudinalement un tronc veineux muni de valvules, on verra que celles-ci sont placées tout près de l'abouchement d'une veine secondaire dans le tronc principal, de sorte que le nombre et les variétés de situation des valvules pour chaque vaisseau veineux sont en rapport avec le nombre et la situation des vaisseaux qui s'y abouchent. Les valvules sont placées dans le tronc principal, *un peu au-dessous* de l'orifice du vaisseau

---

(1) Haller, *Elementa physiologiæ*, t. I, p. 141.

(2) *Elementa physiologiæ*, t. I, p. 141.

(3) *Epistola anatom.*, xv, nº 39.

(4) *Anatomia corporis humani*, tab. XXIII.

secondaire, ou, pour parler plus exactement, entre cet orifice et les capillaires. Il résulte de cette disposition que le flot de sang amené par le vaisseau secondaire ne peut rétrograder dans le vaisseau principal, et qu'il se dirige de suite vers le cœur. Les valvules offrent, en général, une sorte d'alternance. Si, par exemple, deux valvules formant la paire occupent, l'une la partie antérieure, l'autre la partie postérieure de la circonférence du vaisseau, les valvules de la paire suivante seront tournées, l'une vers la paroi externe, l'autre vers la paroi interne de cette même circonférence. F. d'Aquapendente a signalé cette conformation.

Il est une autre classe de valvules qui diffèrent des précédentes par leur siége et par leur forme; elles sont situées sur l'orifice même par lequel une veine s'ouvre dans une veine plus volumineuse. Quoiqu'elles fassent saillie dans le tronc principal, elles appartiennent cependant au tronc secondaire, dans lequel elles empêchent le reflux; de même que la valvule iléo-cœcale, qui fait saillie dans le gros intestin, est destinée à empêcher le retour des matières dans l'intestin grêle. En raison de la forme qu'elles affectent souvent, Ruysch (1) les avait appelées *valvulæ piriformes*; Kemper (2), d'après Richelmann, les nomme *valvulæ turbinatæ* (valvules en *poire* ou en *toupie*). M. Houzé de l'Aulnoit (3), élève de M. Sappey, leur donne le nom de *valvules ostiales*, par opposition à l'expression *valvules pariétales*, employée pour désigner la première classe de ces replis. Les valvules ostiales sont beaucoup moins nombreuses que les valvules pariétales; le plus grand nombre des orifices veineux sont sans valvules. Quelques valvules ostiales ressemblent aux pariétales.

---

(1) *Dilucidatio valvularum in vasis lymphaticis et lacteis*, p. 10.

(2) *De Valvularum natura*; Ienæ, 1683; recus. in Haller, *Disputationes anatomicæ*, t. II, p. 79.

(3) *Recherches anatomiques et physiologiques sur les valvules des veines* (Thèses de la Faculté de Paris, mars 1854, n° 44). Excellent travail, mais rédigé à la hâte; c'est le travail le plus récent qui ait été composé sur les valvules.

Une grande partie du système veineux est dépourvue de valvules. La physiologie ne peut rester indifférente à ce point d'anatomie, qui a suscité d'assez vives controverses, malgré la facilité apparente de le fixer à l'aide du scalpel. Pour introduire un peu d'ordre dans ce dénombrement, je vais prendre les veines à partir des oreillettes et les suivre vers la périphérie ; il sera sous-entendu que toutes les veines dont je ne dirai rien possèdent des valvules.

Disons d'abord qu'on ne trouve plus de valvules dans les veinules parvenues à un certain degré de ténuité. Haller met, pour dernière limite, une ligne (1); M. Houzé, un millimètre (2). M. Sappey (3) vient de découvrir des valvules dans des voies beaucoup plus étroites : dans les petites veines ciliaires antérieures, par exemple, ainsi que dans les veinules des muscles de l'œil. Il est vraisemblable qu'il en existe jusque dans les très-petites veines du système musculaire.

Les quatre veines pulmonaires qui aboutissent à l'oreillette gauche n'ont de valvules ni à leurs orifices ni dans leur continuité. Mayer (4), qui, en 1829, a décrit un appareil valvulaire dans les veines du poumon, a certainement pris pour des valvules les éperons que ces vaisseaux offrent à leur intérieur, là où ils se divisent.

Dans l'oreillette droite, aboutissent la veine coronaire et les deux veines caves.

La veine coronaire possède la valvule dont nous avons parlé, t. III, p. 634 ; c'est une valvule ostiale simple. Il n'y en pas d'autres dans la continuité de la veine.

Dans le système de la veine cave inférieure, nous négligeons la valvule d'Eustachi, vestige d'un état fœtal, et qui ne fonctionne pas à la manière des valvules dont nous nous occupons ; nous négligeons aussi, pour en parler ailleurs, l'espèce d'an-

---

(1) *Elementa physiologiæ*, t. I, p. 145.

(2) Thèse citée, p. 31.

(3) Communication orale.

(4) *Zeitschrift fur Physiologie*, B. III, S. 155

neau valvulaire qu'on observe dans la veine cave du cheval. 1° Nous voyons alors que le sang peut rétrograder, sans rencontrer aucun obstacle valvulaire, dans toute l'étendue de la veine cave inférieure, des veines iliaques primitives et iliaques externes, jusqu'à 3 ou 4 centimètres au-dessous du ligament de Fallope. Là, dans le haut de la veine crurale, se trouve une valvule ou plutôt une paire de valvules, qui forme une digue puissante au reflux du sang. Quand on a forcé cette valvule, on constate que celles qui sont placées au-dessous offrent moins de résistance à l'injection. Je dirai plus loin le rôle qu'on a attribué à cette valvule.

En reportant jusqu'à la veine crurale l'apparition des valvules dans les gros troncs qui font suite à la veine cave inférieure, j'ai énoncé la règle ; mais cette règle a des exceptions, et, par exemple, il y a parfois des valvules dans la continuité des iliaques. Une fois sur trois, on trouvera une belle valvule double au bas de l'iliaque externe (1), comme si la digue dont je viens de parler était placée un peu plus haut que de coutume. On a vu l'embouchure des iliaques primitives dans la veine cave inférieure munie de valvules.

Reprenons du haut en bas les veines afférentes à la veine cave inférieure. Les valvules manquent dans les veines sus-hépatiques; ce sont des éperons, et non des valvules, qu'on observe à leur embouchure dans la veine cave. Passons des veines sus-hépatiques à la veine porte. Tout le sytème de cette veine manque de valvules; par conséquent la veine porte elle-même, la veine splénique, les deux mésaraïques et leurs nombreuses divisions, les veines de l'estomac, du pancréas, en sont dépourvues. Ce ne fut pas sans un certain étonnement qu'en lisant Harvey, je le vis attribuer des valvules au système de la veine porte; ce n'était pourtant pas une faute d'anatomie. Harvey avait disséqué des quadrupèdes, et ceux-ci ou plusieurs de ceux-ci, le cheval en particulier, ont des valvules dans le système de la veine porte.

---

(1) Houzé de l'Aulnoit, thèse citée, p. 54.

Haller rappelle le fait et cite les auteurs qui l'ont constaté (1). Quelque temps avant Haller, Clifton Wintringham attribuait un usage tout particulier aux valvules de la veine splénique, qu'il disait avoir découvertes (2). Il n'est pas facile de pénétrer la cause finale de la différence qui existe, au point de vue qui nous occupe, entre l'homme et le cheval.

Continuons l'examen des veines afférentes à la veine cave inférieure. Les valvules manquent dans la veine diaphragmatique; dans le tronc des veines capsulaires, sinon dans quelques-uns de leurs rameaux adipeux; dans les veines *rénales*. Ce n'est pas que de nombreux anatomistes ne leur aient attribué des valvules, soit à leur insertion dans la veine cave, soit dans leur continuité (3); mais l'observation journalière les réfute. Wintringham, qui attribue une si grande importance aux valvules des veines rénales, les aurait-il vues sur quelque quadrupède, ou aurait-il pris pour des valvules les éperons qui résultent de l'insertion oblique de ces veines dans la veine cave? Les veines ovariennes en sont dépourvues, mais les veines spermatiques en contiennent. Elles y sont en petit nombre, très-imparfaites, et n'empêchent pas le passage de l'injection qu'on y pousse de haut en bas; elles sont plus nombreuses chez les mammifères. Elles manquent dans le tronc de la veine hypogastrique, qui, par exception toutefois, peut en présenter. Parmi les veines nombreuses qui émanent de l'hypogastrique, un petit nombre seulement sont dépourvues de valvules: il n'y en a pas dans les deux larges veines qui longent les parties latérales de la vessie, comme deux sinus où se rend le sang des plexus prostatiques et des veines vésicales; il n'y en a pas non plus dans les veines et sinus utérins, mais les veines hémorrhoïdales moyennes

---

(1) *Elementa physiologiæ*, t. I, p. 144.

(2) Voici en quels termes il en parle: « Nor indeed does the splenic vein « want its valve for the same purpose, though it be not taken notice of by « any anatomist that I know of, probably being overlooked through its ex- « ceeding thinness » (*loc. cit.*, p. 223).

(3) *Elementa physiologiæ*, t. I, p. 143.

et inférieures, auxquelles on les refuse, en possèdent quelques-unes (1).

Passons au système de la veine cave supérieure. Le tronc de cette veine n'en offre ni à son ouverture dans l'oreillette ni dans sa continuité. La première branche fournie par cette veine est l'*azygos ;* or on a beaucoup disputé sur l'existence de valvules dans ce vaisseau. La découverte de Cannani fut repoussée par des hommes considérables, parce qu'elle choquait certaines idées théoriques. Ainsi Fallope, Eustachi, nièrent les valvules de la veine azygos, mais ils trouvèrent des contradicteurs. Riolan disait avoir observé tantôt trois valvules, dont une à l'embouchure et deux dans la continuité; tantôt quatre distribuées dans la longueur du vaisseau. Molinetti, Bartholin, Senac, ont constaté leur existence (2). Morgagni et Haller, qui se sont livrés chacun à de patientes recherches sur ce sujet, ont conclu à leur existence, mais avec un certain nombre de variétés, soit dans leur nombre, soit dans leur siége. Ni l'un ni l'autre n'ont vu, à l'orifice de la veine azygos dans la veine cave supérieure, le sphincter que Lancisi (3) y a décrit. Les dissections de M. Sappey (4) et de son élève (5) semblent avoir donné le dernier mot sur ce sujet. La règle est qu'il n'y a qu'une seule valvule; celle-ci n'est pas située à l'embouchure de l'azygos, mais à 3 centimètres de cette ouverture, à l'endroit où la veine va devenir verticale, après s'être recourbée autour de la bronche droite. Elle a deux valves. Je ne sais si ceux qui ont cru voir un plus grand nombre de valvules dans l'azygos n'ont pas attribué à cette veine les valvules ostiales des intercostales, qui s'ouvrent dans l'azygos. La demi-azygos n'a pas de valvules.

Le système veineux rachidien, si intimement lié avec celui des azygos, n'a pas de valvules dans les deux veines longitudi-

---

(1) Houzé de l'Aulnoit, thèse citée, p. 55.

(2) Haller, *Elementa physiologiæ,* t. 1, p. 138.

(3) Lancisi, *Dissertatio de vena sine pari.*

(4) *Manuel d'anatomie descriptive,* t. 1, p. 527.

(5) Houzé de l'Aulnoit, thèse citée, p. 33.

nales qui descendent, une de chaque côté, appliquées à la face postérieure du corps des vertèbres dans l'intérieur du canal rachidien; il n'y en a non plus ni dans les veines de la moelle ni dans les plexus qui entourent ses membranes. Toutefois le système rachidien n'en est pas complétement privé, comme on l'a dit, puisque, sans parler des veines *extra-rachidiennes* postérieures, qui en sont abondamment pourvues, comme toutes les veines musculaires, on en trouve encore dans les courtes branches transversales *intra-rachidiennes*, qui font communiquer les canaux veineux des vertèbres avec les veines longitudinales du rachis.

Revenons à la veine cave supérieure. Les troncs innominés ou veines brachio-céphaliques qui lui font suite n'ont pas de valvules; mais, à l'embouchure de la veine jugulaire interne dans chaque tronc innominé, se trouve une valvule importante et que je serais tenté d'appeler célèbre, car elle a généralement attiré l'attention depuis que Fabrice d'Aquapendente, et après lui, Ruysch et autres, l'ont signalée. Des deux valvules qui forment la paire, l'une est en avant, l'autre en arrière. Les bords libres, comme on le pense bien, sont dirigés vers le cœur. Nous parlerons bientôt de ses usages.

Depuis cette double valvule jusqu'aux capillaires de la substance cérébrale, on ne trouve pas une seule valvule. La voie est libre dans la veine jugulaire interne, les sinus, les veines cérébrales et cérébelleuses qui s'ouvrent dans ces sinus; elle est libre aussi dans la veine ophthalmique. Toutefois M. Sappey a aperçu quelques valvules dans les vaisseaux minimes qui portent le nom de *veines ciliaires antérieures*. Riolan et d'autres ont parlé de valvules dans la continuité de la jugulaire interne; mais l'exception, s'il faut l'admettre, est bien rare. L'insertion oblique des veines dans quelques sinus, à contre-sens du courant, ne constitue pas un état valvulaire.

Enfin les valvules manquent souvent, mais non constamment, dans les branches anastomotiques; leur absence est plus ordinaire, dans ces anastomoses, aux membres supérieurs qu'aux membres inférieurs.

Elles sont généralement absentes des plexus.

Parmi les veines munies de valvules, il est un groupe très-intéressant. Les veines qui le forment ont une valvule ou une paire de valvules à leur embouchure (valvules ostiales), mais elles n'en ont plus d'autre dans leur continuité. Nous avons déjà cité la *veine coronaire* du cœur, la veine jugulaire interne, la veine cave inférieure, si tant est qu'on puisse assimiler la valvule d'Eustache à celles dont nous nous occupons. Il y faut joindre la *vertébrale*, la *maxillaire interne* et la *faciale*, sauf quelques exceptions. La préparate qui continue la faciale n'a pas de valvules.

Ce serait pénétrer trop avant dans le domaine de l'anatomie que d'ajouter le dénombrement des veines munies de valvules au dénombrement des veines qui en manquent. Je me bornerai à deux remarques qui touchent à la physiologie. Des idées préconçues et fausses avaient fait admettre que les valvules étaient plus nombreuses dans les veines superficielles des membres que dans les veines profondes; j'ai toujours professé le contraire, et j'ai formulé mon opinion en 1833 dans la 10e édition de la Physiologie de Richerand. Cette opinion, je l'avais fondée tout à la fois sur l'examen direct et sur ce que les valvules des veines profondes fonctionnent plus facilement sous l'influence des contractions musculaires que les valvules des veines superficielles. Les dissections de MM. Blandin, Denonvilliers, Sappey, Houzé, ont confirmé que les veines profondes sont plus richement pourvues de valvules que les veines superficielles. M. Houzé a donné des chiffres. Les veines cutanées du membre inférieur possèdent 30 valvules sur une longueur de 1 mètre 18 centimètres; les veines profondes de ce membre en possèdent 60 sur une longueur de 1 mètre 95 centimètres (1). Je dois faire observer que dans ce calcul on se borne à opposer les troncs veineux aux troncs veineux, et qu'on ne fait pas entrer en ligne de compte les milliers de valvules que contiennent les veinules des muscles. Aux membres supérieurs, la différence est encore plus

(1) Houzé de l'Aulnoit, thèse citée, p. 44.

marquée au profit des veines profondes; toutefois les veines profondes de la jambe sont relativement plus nombreuses que celles de l'avant-bras.

En somme, les valvules sont beaucoup plus nombreuses dans l'appareil actif de la locomotion que partout ailleurs; il y en a relativement plus aux membres qu'au tronc. Au tronc elles sont incomparablement plus nombreuses dans les parois que dans la partie viscérale, où elles manquent presque généralement.

Parlons de leurs usages.

Nous savons déjà comment le sang les redresse, et comment elles empêchent sa rétrogradation (p. 35 et 36 de ce vol.). Bien que minces, elles offrent une résistance assez considérable, mais beaucoup moindre que celle des parois veineuses : aussi peut-on les rompre en poussant violemment les injections vers les capillaires. Le bord convexe par lequel la valvule adhère à la veine en est la partie la plus résistante. Il y a là une condensation de tissu fibreux; c'est le *bourrelet* de Senac, l'*agger* de Morgagni, le *liséré fibreux* des modernes. Ce bord convexe forme, en se réunissant au bord libre, à chaque extrémité de la valvule, une corne plus ou moins longue; et comme cette corne est dirigée vers le cœur, elle empêche évidemment que la valvule ne cède au courant rétrograde qui tend à la repousser vers les capillaires.

L'usage prochain des valvules n'est pas seulement de résister au courant rétrograde selon l'axe du vaisseau; elles modèrent aussi la dilatation du vaisseau dans le sens transversal. C'est encore par leur liséré fibreux qu'elles remplissent cet office. Soit en effet une paire de valvules : elles tiennent l'une à l'autre par les extrémités de leurs cornes; et alors leurs liserés forment dans la paroi du vaisseau un cercle fibreux complet ou plutôt un feston à deux dents. Il serait à trois dents, si la valvule était trigéminée.

La jonction des valvules bi ou trigéminées par les extrémités de leurs cornes est une condition dont vous ne devez pas méconnaître l'utilité. Supposez deux valvules opposées l'une à l'autre dans l'intérieur d'un vaisseau et n'ayant aucune connexion entre elles; si le vaisseau vient à être dilaté immodérément par le sang qui reflue, chaque paroi du vaisseau, en s'écartant de l'axe, emportera avec elle la valvule qui y est attachée : il s'établira un espace entre les deux valvules ; elles seront *insuffisantes.* Du reste, un grand nombre de valvules, faute d'une ampleur convenable de leur partie membraneuse ou parce qu'elles sont solitaires, sont insuffisantes ; on rencontre même un assez bon nombre de valvules bornées au liséré fibreux, qui, dans ces cas, conserve encore l'usage de modérer l'ampliation du vaisseau. Nous ne connaissons encore que l'office immédiat, prochain, des valvules, leur mécanisme ; nous n'avons pas encore exposé complétement leurs usages. Ils ne pouvaient être appréciés avant la découverte de la circulation. Dire, avec le maître de Harvey et ses contemporains, que les valvules sont destinées à empêcher que l'action de la pesanteur ne fasse séjourner le sang dans les parties déclives, ce n'est pas avoir signalé leur principale destination ; car, dit Harvey, il y en a aussi dans les veines horizontales, il y en a dans les veines qui conduisent le sang *en bas.* Celles qu'on trouve chez le chien et le bœuf, dans le bassin, ont certainement un autre usage que de résister à l'action de la pesanteur. Or cet usage général est d'empêcher la rétrogradation du sang, des troncs veineux, dans les petites veines. Telle est, dit-il encore, leur configuration, qu'elles ne permettent pas au sang veineux de se mouvoir du cœur soit en *haut,* vers la tête, soit en *bas,* vers les pieds, soit sur les *côtés,* vers les bras : *neque sursum ad caput, neque deorsum ad pedes, neque ad latera brachii, sanguinem a corde moveri (ita sunt constitutæ) usquam sinant* (1).

Lorsque le sang, par une des causes si nombreuses qui peuvent le faire rétrograder, a trouvé une barrière dans une paire de valvules, le reflux se trouve en partie limité, et son action défavorable ne s'étend pas jusqu'aux capillaires. Dès que la cause du reflux a cessé, les valvules coopèrent avec l'élasticité du vaisseau

---

(1) Harvey, *de Motu cordis et sanguinis,* page 124. J'ai déjà cité ce passage dans l'historique de la *découverte de la circulation,* t. III, p. 577.

à repousser le trop-plein vers le cœur ; mais c'est une addition bien minime à la force qui ramène le sang vers le centre. Cette action minime, les valvules l'exercent par leur élasticité. Rien ne démontre la nature musculaire des fibres grêles et recourbées qui sont contenues entre leurs lames, et que Marx a représentées (1) ; d'ailleurs, fussent-elles musculaires, comme l'ont pensé Malpighi, Stenon, Lower, Berger, cités par Marx (2), leur action n'en serait pas moins insignifiante, en raison de la configuration des valvules et de leur position dans les vaisseaux.

Mais, si ces replis sont à peu près sans action impulsive, ils contribuent cependant d'une façon très-efficace, quoique médiate, à la propulsion du sang vers le cœur. Voici dans quelle circonstance. Soit une colonne de sang renfermée entre deux paires de valvules redressées ; si le vaisseau vient à être pressé (par les muscles contractés, par exemple), le sang tendra à fuir du compartiment dans lequel il est renfermé. Les valvules de l'extrémité de ce compartiment, qui est dirigé vers le cœur, n'offriront aucune résistance ; elles se laisseront appliquer aux parois de la veine, tandis que les valvules de l'extrémité périphérique du compartiment seront redressées de plus en plus. Le sang marchera donc vers le cœur ; après quoi ce compartiment vidé offrira moins de résistance aux colonnes de sang qui viennent des capillaires ; celles-ci, à leur tour, marcheront donc vers le cœur.

Quant à l'influence des valvules pour neutraliser ou diminuer l'action de la pesanteur, un professeur de physiologie osera-t-il avouer qu'après vingt-quatre ans de méditations sur ce sujet, il n'est pas encore parvenu à se faire une idée nette de ce que croit comprendre si bien un élève de première année? Soit une colonne verticale de liquide non interrompue depuis le haut de la veine cave inférieure jusqu'à la plante du pied, ce qui existerait s'il n'y avait aucune valvule dans les veines du membre inférieur, il faudra, je le confesse, une puissante impulsion *a tergo*

---

(1) *De Structura atque vita venarum*, p. 104.
(2) *Loc. cit.*, p. 68.

pour faire remonter cette longue colonne vers le cœur. Admettons maintenant que cette colonne soit divisée en un certain nombre de sections horizontales par des diaphragmes mobiles; la force nécessaire pour mettre en mouvement ces sections superposées sera-t-elle, le moins du monde, diminuée par la présence de ces diaphragmes? La section inférieure de cette colonne ne devra-t-elle pas, pour être mise en mouvement, soulever la valvule chargée de la deuxième section, et celle-ci ne devra-t-elle pas soulever la valvule chargée de la troisième section? Le poids total à remonter ne restera-t-il pas le même? Plus je réfléchis sur ce sujet, et moins je suis disposé à partager, sur ce point de doctrine, l'opinion générale. Si on suppose la colonne de liquide immobile, les valvules réparties dans la continuité diminueront, il est vrai, la pression du sang sur les parois des compartiments inférieurs; mais, dès que le sang doit être mis en mouvement, l'effort pour le soulever n'est pas diminué par la présence des valvules. Ajoutons que les milliers de valvules du système musculaire n'y sont certainement pas destinées à lutter contre l'action de la pesanteur.

### *Influence des anastomoses.*

Les anastomoses n'ajoutent rien à l'action qui pousse le sang vers le cœur; mais elles ouvrent des voies collatérales nombreuses et utiles au sang veineux, si souvent empêché ou retardé dans son cours. Aussi la nature les a-t-elle excessivement multipliées. Elle a mis en communication facile le système de la veine cave inférieure avec celui de la veine cave supérieure; elle a réuni les veines de la moitié droite du tronc avec les veines de la moitié gauche; partout, et notamment dans les membres, elle a joint les veines profondes aux veines superficielles par des branches, voire même par des troncs constants. On peut ranger dans cette catégorie le vaisseau gros et court qui s'enfonce dans le pli du bras; le vaisseau qui, vers la racine du membre supérieur, unit la céphalique au système des jugulaires; le vaisseau ou les vaisseaux qui s'étendent obliquement de la poplitée à la veine saphène interne; le vaisseau qui réunit transversalement la jugulaire interne à la jugulaire externe, vers la hauteur de l'angle de la mâchoire, etc. Enfin la nature n'a pas voulu isoler absolument le système porte du système général, et elle a ouvert entre l'un et l'autre certaines voies de communication que nous mentionnerons plus loin.

Ce sujet est riche en aperçus physiologiques, en applications pratiques; je m'y arrêterai un instant. Lorsque les voies anastomotiques sont dépourvues de valvules ou n'en ont que d'insuffisantes, le sang les parcourt tantôt dans une direction, tantôt dans une autre, suivant que les embarras, momentanés ou permanents, dans le cours du sang, ont lieu dans l'un ou l'autre des systèmes qu'elles réunissent. Lorsqu'il y a des valvules dans ces voies anastomotiques, alors le sens du courant est déterminé et indiqué à l'observateur par la direction de ces replis, le sang coule vers le point que regardent les cornes des valvules. Parfois enfin un courant anastomotique s'établit entre des vaisseaux contenant deux séries de valvules opposées dans leur direction. Ceci a besoin d'être expliqué, car les auteurs se taisent sur ce point. Les phénomènes du rétablissement du cours du sang, après l'oblitération des gros troncs, ne sont pas les mêmes dans les artères et dans les veines. Soit une oblitération de l'artère poplitée : le sang, passant des artères articulaires supérieures dans les inférieures, rentrera par celles-ci dans le tronc poplité, au-dessous de l'oblitération. Pour cela il aura parcouru les artères articulaires inférieures en sens inverse du courant habituel, c'est-à-dire des capillaires et des rameaux terminaux vers le tronc. Il n'aura rencontré aucun obstacle sur sa route, puisqu'il n'y a pas de valvules dans les artères. Supposons maintenant une oblitération de la veine poplitée au même endroit, et faisons abstraction des veines saphènes. Le sang, pour passer de la partie inférieure de la poplitée dans la partie supérieure, devra passer aussi au travers des veines articulaires. Dans les articulaires supérieures, le courant aura sa direction habituelle, les valvules ne feront aucun obstacle; mais il devra remonter, dans les articulaires inférieures, en sens inverse du courant habituel : or les valvules ne permettent pas ce courant rétrograde.

Cependant, Messieurs, dans des cas de ce genre, la nature rétablit le courant. Voici par quel artifice : les veines dans lesquelles va s'établir le nouveau courant se dilatent démesurément, et comme les valvules ne s'accroissent pas dans la même proportion, elles ne peuvent plus fermer la lumière du vaisseau ; elles sont *insuffisantes,* et le sang passe. Je citerai plus loin de mémorables exemples de ce mode de rétablissement de la circulation veineuse, après oblitération d'une des voies principales. Si j'ai parlé de la poplitée, c'était pour être clair ; mais je n'ai fait qu'une supposition.

*Courants anastomotiques entre les deux veines caves.* La situation de la veine cave inférieure dans un large sillon du foie l'expose à des compressions quand le foie est malade ; d'autres causes peuvent gêner le cours du sang dans la veine, la rétrécir ou même l'oblitérer. Trois voies principales peuvent, dans ces cas, ramener le sang dans le système de la veine cave supérieure, et par conséquent au cœur, savoir : l'*azygos,* le *système veineux rachidien,* et les *veines des parois thoraco-abdominales.*

La veine *azygos,* à laquelle on fit jouer un grand rôle dans la question qui agita si vivement le monde médical au XVI^e^ siècle (1), a eu aussi le privilége de préoccuper les physiologistes. Cowper (2) pensait qu'en transportant une certaine quantité de sang du ventre à la veine cave supérieure, la veine azygos diminuait d'autant la quantité de ce liquide qui devait remonter, contre son propre poids, dans la veine cave inférieure. Morgagni (3) pria son ami Lancisi de rechercher la solution des quatre questions suivantes : 1° Pourquoi les veines intercostales ne s'unissent-elles pas par des troncs séparés aux veines caves,

(1) Il s'agissait de savoir de quel côté il fallait saigner dans la pleurésie.

(2) *Anatomia corporum humanorum,* in-f° ; Ultrajecti, 1750.

(3) J.-A. Lancisio, *Epistola adversaria anatomica.*

comme les artères intercostales à l'aorte? 2° Pourquoi le sang est-il versé dans la veine cave supérieure et non dans l'inférieure? 3° Pourquoi y a-t-il une veine impaire, au lieu de deux veines symétriques et parallèles? 4° Enfin pourquoi ce tronc impair est-il à droite plutôt qu'à gauche? Lancisi se piqua d'honneur, et répondit par le travail qu'on connaît (1). A mon avis, il n'était pas nécessaire de faire de grands efforts pour trouver la cause finale des dispositions anatomiques qui étonnaient Morgagni. Les deux veines caves, introduites dans le péricarde et éloignées de la colonne vertébrale, ne pouvaient recevoir les veines intercostales; de là la nécessité qu'elles fussent suppléées par un tronc veineux, étendu parallèlement à l'aorte au-devant de la région dorsale du rachis. Si ce tronc aboutit à droite, c'est que la veine cave supérieure est à droite. Du reste, la veine intercostale supérieure gauche et la demi-azygos jouent à gauche, relativement aux veines intercostales, le rôle de la veine azygos à droite.

Le cours du sang est ascendant dans la veine azygos. Sa valvule a les cornes dirigées vers le cœur; elle empêche donc que le sang ne reflue de la veine cave supérieure vers le bas de l'azygos. Cannani avait cru que les valvules de l'azygos empêchaient le sang de passer, de cette veine, dans la veine cave supérieure! Cela diminue beaucoup le mérite de sa découverte. Les communications qui existent entre l'origine de l'azygos et le système de la veine cave inférieure, soit par les veines lombaires, soit par une des rénales, soit par inosculation directe dans le tronc de la veine cave inférieure, étant dépourvues de valvules ostiales, le trop-plein de la veine cave inférieure peut passer facilement par l'azygos dans la veine cave supérieure. La nature utilise ces ressources dans les cas pathologiques. Il ne faut pas que notre siècle s'attribue l'honneur de ces observations; voici ce qu'on lit, à ce sujet, dans Haller: *Itaque si prægrande hepar, aut turgidior ventriculus, aut schirrus vicinus pancreatis aliave causa, iter per venam cavam inferiorem reddiderit difficilius, obti-*

(1) *Dissertatio de vena sine pari* (*Opera*, t. IV, p. 373, in-4°; Romæ, 1745).

*nebitur ex magnis venæ sine pari in abdomine radicibus, ut non contemnenda portio sanguinis inferioris partis corporis humani, possit per eam venam cordi reddi* (1). Quand les obstacles au cours du sang dans la veine cave inférieure sont permanents, la veine azygos et ses origines prennent des dimensions considérables; dans un cas où la veine azygos s'était rompue dans la poitrine, elle conservait, malgré la sortie du sang, un volume égal à celui de la veine cave (2).

Il est bien plus rare qu'un obstacle sur le trajet si court de la veine cave supérieure force le sang à gagner par l'azygos la veine cave inférieure. Dans le fait que j'ai rapporté à l'article *Azygos* du *Dictionnaire de médecine*, t. IV, p. 522, la veine cave supérieure était obstruée depuis l'oreillette jusqu'au voisinage de l'embouchure de la veine azygos; celle-ci était quintuplée de volume. La dilatation du vaisseau avait, comme on le pense bien, rendu la valvule insuffisante pour empêcher le reflux. Je n'ai jamais vu d'ailleurs que cette valvule ait empêché les injections poussées dans la veine cave supérieure de descendre dans la veine azygos. Dans le cas d'oblitération de la veine cave supérieure rapporté par M. Martin-Solon (3), les deux troncs veineux brachio-céphaliques et l'orifice de la veine azygos étaient aussi oblitérés; les veines des parois du tronc et celles du rachis avaient contribué au rétablissement de la circulation.

Le *système veineux rachidien* établit entre les deux veines caves une autre voie de communication, qui d'ailleurs se relie à la précédente, au niveau de chaque trou de conjugaison. Les deux grandes veines longitudinales du rachis, étant privées de valvules, permettent au sang de s'y mouvoir aussi bien de haut en bas que de bas en haut. La veine azygos et le système veineux rachidien offraient un grand développement sur un sujet dont la veine cave inférieure avait été oblitérée, et même dé-

(1) *Elementa physiologiæ*, t. III, p. 113.

(2) Morgagni, 26e lettre, p. 429, traduct. française; il ne dit rien de la cause de cette dilatation.

(3) *Arch. gén. de méd.*, 2e série, t. X, p. 296.

truite, dans une notable partie de sa longueur, par une vaste tumeur encéphaloïde. L'une des veines rénales était imperméable, mais une fusion congénitale des reins avait prévenu la gangrène de celui de ces organes dont l'appareil vasculaire était compromis (1).

Enfin les *veines des parois thoraco-abdominales* offrent une troisième voie par laquelle le sang, empêché dans l'une des veines caves, peut parvenir à l'autre ; mais ceci n'a lieu que dans les cas pathologiques. On voit, lorsque la veine cave inférieure est oblitérée, se dessiner un réseau veineux sous les téguments et dans leur épaisseur ; ce réseau rencontre, sur les parois thoraciques, un autre réseau qui aboutit aux veines de l'aisselle. Les veines qui composent cet ensemble grossissent rapidement. Le courant est établi de l'aine vers l'aisselle, comme on peut le constater par des explorations directes. Par conséquent ce courant est interverti dans les veines tégumentaires du bas-ventre, puisque dans l'état normal il se dirige vers l'aine; par conséquent aussi les valvules de ces veines tégumentaires amplifiées ont cessé d'empêcher le mouvement rétrograde. C'est ainsi que le sang remonte des membres inférieurs vers l'aisselle, pour rentrer dans le cœur par la veine cave supérieure. Déjà les exemples de ce curieux mécanisme se sont assez renouvelés pour qu'on puisse soupçonner une oblitération de la veine cave inférieure, quand le réseau veineux abdominal prend des proportions extraordinaires (2).

---

(1) Communication orale de M. de Castelnau, qui a recueilli l'observation.

(2) Un fait de ce genre a été recueilli par mon beau-frère, le Dr Hourmann, à la clinique de M. Louis ; il est consigné dans les *Arch. gén. de méd.*, t. XXIV, p. 124; il a été reproduit par M. Reynaud (*Journ. hebdom.*, t. II, p. 383; 1831), dans un mémoire sur l'oblitération de la veine cave inférieure. M. Reynaud a écrit par inadvertance *veines épigastriques* pour *veines tégumentaires*. Les veines épigastriques, cachées sous les muscles, sont inaccessibles à la vue, avant l'ouverture du sujet. On trouvera, dans le *Traité d'anatomie chirurgicale* de M. Velpeau, une observation analogue à celle que nous venons de citer, t. II, p. 32. M. Duplay a recueilli un fait de cette nature dans le service de M. Rullier (*Journal hebdomadaire de médecine*, t. IV, p. 160; 1829); M. Dubreuil en a observé un à Montpellier (*Mémorial des hôpitaux du Midi*, t. II, p. 224).

*Communications anastomotiques entre les veines des membres et celles du tronc.* Les faits que je viens de rappeler eussent dû empêcher les chirurgiens de désespérer du rétablissement de la circulation, dans les cas de blessure de la veine principale d'un membre à la racine de ce membre. Quelque jour on aura peine à croire qu'on ait regardé l'ouverture de la veine fémorale au-dessus de la saphène interne comme une indication d'amputer la cuisse dans l'article, ou qu'on ait donné sérieusement le conseil de lier l'artère crurale pour empêcher les effets de la stase du sang dans le membre (1). La pratique, les injections, l'anatomie pathologique, ont confirmé ce que l'induction enseignait, et nous ont appris qu'il n'était pas nécessaire de recourir, dans ce cas, à des opérations si extraordinaires et si graves : la *pratique*, car Roux a lié avec succès la veine fémorale, qu'il venait d'ouvrir en extirpant une tumeur du pli de l'aine ; les *injections*, car M. Richet (2) a constaté qu'elles parvenaient jusqu'aux veines iliaques, lorsqu'on les poussait de bas en haut dans les veines du membre inférieur, après avoir lié la veine crurale au-dessus de l'insertion de la saphène interne ; l'*anatomie pathologique*, puisqu'elle a montré quatre fois à Béclard l'oblitération de la partie supérieure de la fémorale, et à Wilson, l'oblitération des iliaques primitive et externe, en même temps que de la partie inférieure de la veine cave (3).

*Communications entre le système veineux général et celui de la veine porte.* La circulation de la veine porte, que Bichat considérait comme parfaitement isolée de la circulation générale, a cependant des points d'inosculation avec elle. Les veines œsophagiennes, qui appartiennent au système des veines caves,

(1) Ce conseil a été donné et mis à exécution par M. Gensoul, de Lyon. Son malade n'a pas vécu assez longtemps pour qu'on jugeât les effets de cette pratique. L'opéré de M. Venturoli a aussi succombé très-promptement.

(2) Richet, *Traité pratique d'anatomie médico-chirurgicale*, t. I, p. 151 ; 1855.

(3) *Transactions of a Society for the improvement of medical and chirurgical knowledge*, t. III, p. 70.

s'anastomosent avec les veines de l'estomac, qui appartiennent au système de la veine porte. Il y a dans le bassin, vers l'extrémité inférieure du rectum, des anastomoses entre la veine hémorrhoïdale supérieure, provenance de la veine porte, et les hémorrhoïdales moyenne et inférieure, dont le sang retourne à la veine cave inférieure par les iliaques. Quelques veinules du mésentère aboutissent aux veines spermatiques. Certaines maladies du foie rendent quelquefois évidentes des communications entre les veines du foie et les veines diaphragmatiques (1). Je tiens de M. Verneuil, agrégé de la Faculté, que si l'on pousse dans le foie d'un fœtus de la matière à injection par le tronc de la veine porte, on la voit gagner les veines diaphragmatiques par des vaisseaux qui traversent le ligament coronaire.

Retzius, ayant injecté sur le même sujet la veine porte et la veine cave avec des matières différemment colorées, les a retrouvées, toutes les deux, dans les vaisseaux du colon et du mésocolon gauches et du duodénum; il a découvert dans le tissu cellulaire extérieur au péritoine un réseau de vaisseaux veineux très-fins, communiquant tout à la fois avec la veine porte et la veine cave (2).

Toutes ces voies si étroites peuvent se prêter cependant, en se dilatant, à une circulation supplémentaire, dans les cas de compression ou d'oblitération de la veine porte ou des veines sus-hépatiques. Dans le fait très-extraordinaire publié par Baillie (3), cette oblitération des veines sus-hépatiques coïncidait avec une oblitération de la veine cave depuis les veines rénales jusqu'à l'oreillette droite. Il y avait là un problème très-complexe et très-intéressant de circulation intervertie que n'ont vu ni l'auteur de l'observation ni ceux qui l'ont citée, et que j'ai

(1) Gubler, *De la cirrhose*. Thèse pour le concours de l'agrégation en médecine; Paris, 1853.

(2) *Arch. gén. de méd.*, 2e série, t. VII, p. 118.

(3) *Transactions of a Society for the improvement of medical and chirurgical knowledge*, t. 1, p. 127.

essayé de résoudre, en 1826, dans ma dissertation inaugurale. La dilatation des veines lombaires et de l'azygos, observée dans ce cas, n'expliquait pas tout. Les conditions de rétablissement de la circulation sont moins compliquées dans le cas de simple oblitération de la veine porte.

Il existe chez le cheval et quelques autres animaux des communications directes entre des branches de la veine porte et le tronc même de la veine cave inférieure, à la hauteur du foie. Quand je parlerai de la sécrétion urinaire, je traiterai plus en détail de ces anastomoses que M. Cl. Bernard a fait connaître (1), et qui n'existent pas chez l'homme, ou qui n'y sont que rudimentaires, comme je m'en suis assuré.

Rappelons enfin que, chez le fœtus, le système de la veine porte et celui de la circulation générale s'inosculent à plein canal par l'intermédiaire de la veine ombilicale. Une large communication, qui rappelle celle-ci, se rencontre quelquefois chez l'adulte. J'ai connaissance de deux cas où une veine aussi volumineuse que le doigt, née de la fin de l'iliaque externe, remontait derrière la paroi abdominale, et allait, en passant par le ligament suspenseur du foie, se jeter dans le sinus de la veine porte. L'une de ces veines était munie de valvules dont les cornes, tournées vers le foie, montraient que le sang du membre inférieur était conduit à l'organe sécréteur de la bile. L'une de ces observations appartient à M. Manec, l'autre à M. Ménière; je les ai citées toutes deux avec quelques détails à l'art. *Abdomen* du *Dictionnaire de médecine*, t. I, p. 129.

### *Influence des pressions extérieures, de la contraction musculaire en particulier, sur la circulation veineuse.*

Pour être efficaces, les pressions exercées sur un système de canaux compressibles et munis de valvules doivent être intermittentes. Une compression continue peut changer sans doute

(1) *Comptes rendus des séances de la Société de biologie*, t. I, p. 78, 87, 100.

les conditions hydrauliques locales, réduire le diamètre du vaisseau, le soutenir contre une dilatation excessive : c'est ainsi qu'agissent les bas élastiques dont on enveloppe les membres ; mais cela ne constitue pas une force impulsive additionnelle. Les choses sont différentes avec des pressions intermittentes et un jeu de valvules. Je n'ai pas besoin de reproduire l'explication que j'ai donnée à ce sujet (page 47).

On a pensé que les veines satellites des artères éprouvaient de la part de celles-ci, à chaque systole du cœur, c'est-à-dire à chaque diastole de l'artère, une pression latérale qui y accélérait le cours du sang. Si l'on considère que la dilatation des artères est si minime qu'elle a été niée par des hommes considérables (voyez tome III, page 720), on accordera bien peu d'influence à cette action des artères, qui ne pourrait d'ailleurs s'exercer que sur un certain nombre de veines, et qu'on a pourtant invoquée récemment comme une des causes principales de la circulation veineuse.

Les contractions musculaires ont une tout autre efficacité une expérience vulgaire le démontre, tous les jours, dans la pratique de la phlébotomie. L'accélération que chaque contraction des muscles de l'avant-bras imprime au jet du sang veineux rivalise avec celle que la contraction du ventricule aortique imprime au sang artériel. M. Chassaignac a donc pu écrire : «Le système veineux est au système musculaire comme une éponge pleine de liquide dans une main vigoureuse qui la presse» ; et ailleurs : « Le système musculaire est au système veineux ce que le ventricule gauche est au système artériel.» Il y a pourtant cette différence capitale à signaler ici : c'est que la circulation veineuse s'exécuterait parfaitement bien par la seule impulsion *a tergo,* sans le secours de l'impulsion accélératrice que donnent les contractions musculaires, tandis que la circulation artérielle normale a pour condition *sine qua non* le ventricule gauche. Une saignée pratiquée au bras paralysé d'un hémiplégique donne un jet allongé, sans que les contractions musculaires aient accéléré le cours du sang. L'intervention des muscles n'est donc pas une condition du cours du sang veineux ;

c'est une cause puissante, il est vrai, mais éventuelle, d'accélération.

Pendant le cours d'une expérience faite dans un autre but, le hasard montra toute l'énergie de cette action impulsive Les deux fils d'une pile de six paires seulement ayant été mis en contact, l'un avec une aiguille enfoncée dans la région cervicale de la moelle, l'autre avec une aiguille implantée dans la partie moyenne de la cuisse, pendant que l'hémodynamomètre était placé dans une veine, une contraction brusque et presque générale des muscles fit monter le mercure à la hauteur de 55 millimètres (1).

Quand les muscles d'une région se contractent, ils agissent à la fois sur les troncs veineux intermusculaires et sur les veinules contenues dans la chair du muscle. Les premiers, c'est-à-dire les troncs intermusculaires, étant brusquement comprimés, le sang fuit du côté du cœur, à cause du mécanisme, déjà exposé, des valvules. Les veines superficielles ressentent aussi l'accélération, parce que les troncs anastomotiques leur apportent, à ce moment, une grande partie du sang qui revient des veines profondes comprimées; les veinules du muscle lui-même sont comprimées en même temps, le sang est donc exprimé du muscle. On comprend ici l'importance du riche appareil valvulaire des veinules des muscles.

Mais je ne veux pas anticiper sur les considérations qui se rattachent à l'état de la circulation capillaire dans les muscles contractés.

### *Action aspirante de la poitrine; influence de l'inspiration et de l'expiration sur le cours du sang veineux.*

Nous avons vu jusqu'ici le sang mû dans les veines, sous l'influence d'une impulsion *a tergo;* puis nous avons fait la part de certaines causes *accélératrices*, de quelques conditions *adju-*

(1) Cette expérience est de M. Magendie; l'action de la poitrine n'a peut-être pas été étrangère à ce résultat (*Leçons sur les phénomènes physiques de la vie*, t. III, p. 163).

*vantes* placées sur la continuité de la colonne veineuse qui s'avance vers le cœur. Nous allons montrer maintenant le sang tour à tour attiré vers la poitrine et repoussé par elle; mais il y aura prédominance d'attraction.

Les premières notions sur ce point de physiologie ne remontent pas bien haut. Morgagni, dans sa lettre sur la *suffocation et la toux*, qui est la 19e, s'exprime à peu près en ces termes: Valsalva, ayant mis les jugulaires à découvert, remarqua que ces veines, engorgées de sang, se désenflaient pendant que le chien inspirait de l'air; mais que quand il l'expirait, elles s'engorgeaient de nouveau. Il observa aussi une certaine diastole et systole de ces veines; en outre, en les comprimant, il vit le *sang qui était au-dessous du lieu comprimé couler vers le cœur, quoiqu'il ne fût pas poussé de la partie supérieure.* Ceci, dit Morgagni, n'avait été observé par personne avant Valsalva.

Le passage que j'ai souligné prouve que l'*aspiration seule*, dans la condition indiquée, avait fait entrer le sang dans la poitrine.

On est étonné d'entendre Morgagni dire, un peu plus loin, qu'il lui est arrivé d'observer un phénomène absolument inverse; et comme il n'en pouvait croire ses yeux, il fit constater la chose, devant lui, par ses élèves Volpi et Mediavia, dont la vue, dit-il, était excellente. Laissons cette anomalie, dont on pourrait peut-être trouver l'explication, et entendons Haller.

«J'ai constaté dans mes expériences, dit ce grand physiologiste, qu'en mettant à nu les veines caves, jugulaires, sous-clavières, le sang se dirigeait vers le cœur, à chaque inspiration de l'animal; que ces veines se vidaient, devenaient plates et exsangues.»

Venons aux travaux de ce siècle. M. Magendie (1) parle d'aspiration du sang par la poitrine; il constate que de l'air est attiré, au moment de l'inspiration, par une sonde placée dans la jugulaire.

---

(1) *Journal de physiologie*, t. 1, p. 132.

Jusqu'ici, Messieurs, la coïncidence du mouvement progressif du sang veineux avec l'un des mouvements de la respiration est reconnue; mais le phénomène en est mal ou incomplétement apprécié. Voici en effet l'explication dont on se contente. Le passage du sang au travers du poumon étant devenu plus facile pendant l'inspiration, cela, de proche en proche, précipite le cours du sang veineux vers le cœur. Sans doute, il faut tenir compte de cette circonstance; mais ce n'est pas là la *cause prochaine* qui accélère l'entrée du sang dans la poitrine pendant l'inspiration. Cette cause, c'est la pression atmosphérique. Le mémoire lu, à ce sujet, à l'Institut, le 8 juin 1825, par M. Barry (1), a eu les honneurs d'un rapport de MM. Cuvier et Duméril; il les méritait, bien qu'il y ait plusieurs choses à y reprendre.

En voici la substance. Au moment de chaque inspiration, il se fait un vide dans la poitrine; l'air ne doit pas seul y être attiré, car tout liquide soumis à la pression atmosphérique, et mis en communication avec une cavité close qui se dilate, doit couler vers cette cavité; or le sang contenu dans les grosses veines qui avoisinent la poitrine est précisément dans ce cas. Il démontre cette proposition par l'expérience suivante : Un tube de verre est introduit, par la jugulaire d'un cheval, jusque dans la veine cave antérieure de cet animal; l'autre extrémité du tube, qu'on a jusque-là tenue bouchée avec la pulpe d'un doigt, est plongée dans une tasse contenant de l'eau bleue des blanchisseuses. On voit de suite le liquide monter dans le tube pendant l'inspiration, et rétrograder pendant l'expiration; mais le premier mouvement l'emporte sur le second, de sorte qu'au bout d'un certain temps, la tasse est vidée.

M. Barry compare le médiastin et le péricarde, qui y est inclus, à un soufflet ayant pour canal aspirateur les veines caves, et pour canal de décharge l'aorte. L'inspiration agrandit ce soufflet de la manière suivante : le sternum, porté en avant,

(1) David Barry, *Recherches sur les causes du mouvement du sang dans les veines*; Paris, 1825.

amplifie d'avant en arrière le médiastin, et partant le péricarde, pendant que le diaphragme, tirant ce dernier en bas, le développe dans le sens vertical; l'oreillette droite suit le développement du péricarde.

Une variante de son expérience confirme l'ampliation de cette espèce de soufflet. Il introduit un tube, non plus dans la jugulaire et la veine cave, mais simplement *dans le péricarde;* une sonde de gomme élastique, adaptée à son tube et plongée dans l'eau de blanchisseuse, l'aspire d'une manière très-évidente.

Pour rendre plus sensible encore l'action aspirante, M. Barry adapte un robinet à la trachée-artère; il le ferme. L'air ne pouvant plus alors remplir le vide virtuel de la poitrine, le liquide est plus fortement attiré.

De ce beau travail, M. Barry a tiré des conclusions exagérées, comme il arrive presque toujours aux inventeurs; il a cru que cette action aspirante, qui est incontestable au voisinage de la poitrine, s'étendait à toute la périphérie du corps, et que la pression atmosphérique était la cause à peu près unique du mouvement du sang dans les veines.

J'ai fait oralement, à M. Barry lui-même, et j'ai, peu de temps après, exposé dans un mémoire inséré dans les *Archives générales de médecine* (1), les objections que soulevait une théorie si exclusive; j'ai en même temps fait connaître des conditions anatomiques qui assurent, facilitent et étendent l'action aspirante de la poitrine.

Cette action ne peut s'étendre jusqu'à la périphérie du système veineux. La masse du liquide qui est attirée à chaque inspiration n'est pas assez considérable pour que le mouvement d'attraction soit ressenti jusqu'aux capillaires; en admettant même que l'action aspirante fût assez énergique pour s'étendre jusqu'aux extrémités des membres, certaines conditions physiques s'opposeraient à cette propagation. En effet, on ne pourrait aspirer un liquide à distance avec un tube membraneux, puisque la pression atmosphérique mettrait en contact les parois du tube aspirateur; de même

(1) *Archives générales de médecine*, t. XXIII, p. 169.

la pression atmosphérique mettrait en contact les parois des veines des membres, ce qui intercepterait le mouvement inspirateur. Si on comprime avec le doigt une veine gonflée du dos de la main, de manière à empêcher qu'elle continue de recevoir du sang de la périphérie, elle reste cependant gonflée entre le doigt qui la presse et le cœur, ce qui n'aurait pas lieu s'il suffisait de la pression atmosphérique pour pousser vers la poitrine le sang que cette veine contient. Ajoutons, comme contre-épreuve, que quand le sang s'écoule d'une manière continue, après qu'on a coupé une veine en travers, ce n'est pas l'aspiration par le cœur ou le thorax qui le met en mouvement dans le bout par lequel se fait l'hémorrhagie (1).

C'est donc seulement au voisinage de la poitrine que l'action aspirante est efficace. Toutefois une disposition anatomique, que j'ai fait connaître le premier, étend la zone dans laquelle cette action s'exerce; cette disposition anatomique, c'est l'adhérence des veines aux aponévroses de cette région, adhérence qui maintient dilatées les parois de ces vaisseaux et leur permet de transmettre à distance, et sans céder complétement à la pression atmosphérique, l'action de pompe aspirante qui a lieu pendant la dilatation de la poitrine. Je ne répéterai pas ce que j'ai dit, au commencement de ce volume, de l'état de la veine cave supérieure, des veines innominées, des veines jugulaires externes et internes à leur extrémité inférieure, et des veines sous-clavières et axillaires. Les aponévroses qui fixent les veines ayant des adhérences avec les os de cette région (le sternum, la première côte, la clavicule), tout cet appareil est tendu davantage dans le mouvement que la poitrine exécute pendant l'inspiration. Ainsi, par un mécanisme admirable, c'est au moment où se fait le vide avec le plus d'énergie que les vaisseaux acquièrent ce surcroît de résistance à la pression atmosphérique. A l'action protectrice des aponévroses, se joint celle du peaucier (2) et des muscles scapulo-

---

(1) J'oserais à peine faire usage d'un argument empreint d'un si gros bon sens, si je ne le voyais employé par Muller, t. 1, p. 175.

(2) Foltz, *Note sur les fonctions des muscles peauciers*; Paris, 1852.

hyoïdiens, tenseurs des aponévroses du cou; ceux-ci se contractent évidemment dans les grandes inspirations.

J'ai quelques raisons de penser qu'on s'est fait des idées un peu inexactes ou tout au moins exagérées du mécanisme que j'ai fait connaître. Des canaux tout à fait inflexibles, incapables par conséquent de subir une ampliation et de revenir sur eux-mêmes, eussent constitué un appareil vasculaire très-défavorable, dans une région du corps où le courant veineux est assujetti à tant de causes d'attraction et de reflux. Telle n'est pas la disposition des veines de la région inférieure du cou et du sommet de la poitrine; elles sont assez tendues par les lames fibreuses, adhérentes à leur face externe, pour transmettre utilement l'action aspirante de la poitrine aux veines voisines, et cependant elles obéissent en partie à cette puissance d'aspiration. La pression atmosphérique met en mouvement, vers le cœur, une partie du sang qu'elles contiennent, après quoi l'expiration les amplifie de nouveau. Il y a là un très-heureux mécanisme. L'ampliation et la réduction des veines tendues par les aponévroses offrent un caractère particulier; le voici: Dans les parties du corps où les veines, libres d'adhérences, reviennent sur elles-mêmes quand l'abord du sang y diminue, elles conservent, sur un animal vivant, leur forme cylindrique. Il n'en est pas de même des veines de la partie inférieure du cou: leur paroi antérieure se rapproche de la postérieure, mais les veines restent larges et elles s'aplatissent; c'est alors qu'elles pâlissent. Qu'on lise les détails des expériences de Haller (1), et on y verra la justification de ce que j'avance ici; on la trouvera aussi dans les termes par lesquels il rappelle, dans sa Physiologie, les résultats de ses expériences. On voit, dit-il, pendant l'inspiration, les veines caves, jugulaires, sous-clavières, brachiales, mammaires, *depleri, pallescere, explanari, exsangues fieri* (2).

---

(1) *Mémoire sur la nature sensible et irritable des parties du corps animal*; Lausanne, 761.

(2) *Elem. physiolog.*, t. II, p. 333. Il ne faut pas prendre sans restriction les résultats mentionnés par Haller. Il nous dit qu'il *dénudait* les veines pour les observer; cela détruisait une partie de leurs connexions avec les aponé-

Si nous jetons maintenant les yeux sur les veines sus-hépatiques, nous les voyons attachées au tissu du foie, et maintenues béantes, de manière à recevoir et à propager jusqu'aux radicules par lesquelles elles s'abouchent avec les terminaisons de la veine porte l'action aspirante de la poitrine. Ou je me trompe, ou nous trouvons là la cause finale des différences qui existent entre les veines hépatiques et la veine porte dans leurs connexions avec le tissu du foie : les premières toujours béantes, les secondes s'affaissant quand elles sont coupées en travers. Cette aspiration s'exerce avec d'autant plus d'avantages que le diaphragme, au même moment, comprime tous les viscères abdominaux.

Il est un point de la doctrine de M. Barry qui m'a paru encore passible d'une objection ou attendre du moins une interprétation. La dilatation du médiastin a pour résultat, dit-il, la dilatation de l'oreillette droite dans laquelle afflue le sang aspiré. Mais, d'après ce que nous savons du rhythme des battements du cœur, l'oreillette se contracte au moins deux fois pendant l'inspiration; comment concilier cela avec l'aspiration continue du sang veineux, pendant tout le temps donné à la dilatation de la poitrine? Cette objection paraît grave; cependant, après l'avoir posée, je vais l'atténuer. La contraction de l'oreillette est si rapide, et le temps donné à sa réplétion, qui se fait en deux fois, est relativement si long, que cette contraction ne peut pas déranger beaucoup les effets de l'action aspirante. Du reste, l'objection ne porte pas le moins du monde sur le fait même de l'aspiration, qui est désormais mis hors de doute; je vais continuer de le démontrer.

Peu de temps après la publication de mon mémoire, parut un travail important de M. Poiseuille (1). M. Poiseuille adapta aux veines l'instrument dont il avait fait usage pour l'étude de la

---

vroses, et favorisait leur affaissement sous l'influence de la pression atmosphérique. Les conditions physiques de la circulation veineuse n'étaient pas moins changées, lorsque, pour étudier l'effet de la respiration sur la veine cave supérieure, il ouvrait un des côtés de la poitrine, comme cela a eu lieu dans la 109e expérience, pratiquée sur un chien.

(1) *Journal universel et hebdomadaire de médecine et de chirurg.*, t. I, p. 289, et t. III, p. 97; 1831.

force de propulsion du sang dans les artères (voy. t. III, p. 655 de cet ouvrage); il substitua au mercure une dissolution de sous-carbonate de soude, afin que les mouvements imprimés au liquide fussent plus sensibles, et il tourna *vers le cœur* l'ouverture du tube introduit dans la veine. Les choses ainsi disposées, et l'instrument placé à 1 centimètre seulement de la poitrine d'un chien, il remarque que le liquide qui est attiré pendant l'inspiration descend dans la longue branche, qui est graduée, et y remonte pendant l'expiration. Voici des résultats numériques : L'animal étant calme, et la respiration tranquille, il obtient pendant l'inspiration un abaissement de 90 millimètres, qui est suivi pendant l'expiration d'une élévation presque aussi considérable au-dessus du niveau primitif, ce qui fait en tout une excursion de 180 millimètres environ. Si on fait éprouver de la douleur à l'animal, les mouvements respiratoires s'accroissent, et, avec eux, l'excursion du liquide. Alors des inspirations plus profondes font descendre le liquide à 150, à 200 millimètres, et jusqu'à 250; si bien qu'il n'en reste plus dans la longue branche de l'instrument. Pendant les expirations, le liquide est repoussé aussi beaucoup plus haut que dans la première expérience, mais jamais il ne dépasse le niveau primitif d'une quantité égale à celle de son abaissement au-dessous de ce niveau, pour une même respiration complète.

Appliquant ensuite, à l'exemple de M. Barry, un robinet à la trachée, M. Poiseuille constate que le liquide est d'autant plus fortement appelé que l'air est plus raréfié dans la poitrine. Avec l'occlusion complète du robinet, *faite immédiatement après l'expiration*, l'attraction devient considérable pendant les efforts impuissants d'inspiration. C'est au contraire la répulsion que l'on constate, si le robinet est fermé immédiatement après l'inspiration; car alors l'animal fait des efforts d'expiration. Tout cela est facile à concevoir.

Voilà donc une nouvelle démonstration de l'influence de l'inspiration sur le cours du sang veineux. Jusqu'où se propage cette action? Le tube étant placé dans la jugulaire du chien, à 14 centimètres de la poitrine, le liquide ne bouge plus pendant une *inspiration* ordinaire; mais, dans une *inspiration profonde* occasionnée par la douleur, il marche encore. L'*expiration* ne le fait plus remonter au delà du niveau primitif. Aux membres supérieurs et à la veine crurale, il n'y eut plus le moindre signe d'aspiration. Ainsi c'est au voisinage de la poitrine seulement que la pression atmosphérique pousse le sang veineux vers le cœur. Chez l'homme, la zone dans laquelle se fait l'aspiration s'étend certainement jusque dans l'aisselle et dans les branches veineuses qui aboutissent à l'axillaire; je le prouverai par certains faits pathologiques.

L'aspiration, en diminuant les résistances que les colonnes sanguines rencontreraient près de la poitrine favorise, le cours du sang veineux jusque dans des parties où elle ne s'étend pas directement.

Un point de doctrine si bien établi ne pouvait être ébranlé par les objections qu'on lui a faites. On a dit : l'aspiration du sang étant suivie d'un reflux pendant l'expiration, ces deux choses se compensent, donc la circulation veineuse n'y gagne rien. Ceci est inexact, l'aspiration l'emporte sur le reflux. N'avons-nous pas vu le liquide s'épuiser dans une expérience de Barry, et faire, dans les expériences de M. Poiseuille, une excursion moins longue pendant l'expiration que pendant l'inspiration? Lorsque l'expiration survient, une grande partie du sang que l'inspiration a introduit a déjà été soustraite au reflux par le mécanisme du cœur et de ses soupapes, et envoyé au poumon.

On a emprunté à la physique une seconde objection, en voici le sens. Le Dr Robinson (1) a objecté à M. Barry que, le vide virtuel fait dans la poitrine sollicitant, tout à la fois, l'air par la trachée, et le sang par les veines, le fluide élastique serait attiré, et non le liquide, beaucoup plus dense que lui. Mais on n'a pas tenu compte de ce que l'air est contenu dans un poumon très-élastique, qui se dilate à regret, et de ce que cette condition physique est une cause d'attraction du sang dans la poitrine (je

(1) *American journ. of med. sciences*, t. XI, p. 354.

montrerai ailleurs qu'elle agit encore sur le cadavre). Il faut noter aussi que l'ampliation du péricarde agit sur le sang, et non sur l'air. Enfin, et cela eût pu abréger la réfutation, dire que le sang ne *peut être attiré*, quand l'expérience démontre qu'il est attiré, c'est encourir le ridicule de ce personnage de Voltaire qui, ayant annoncé que Zadig perdrait un œil (que celui-ci conserva pourtant), écrivit un livre où il lui prouva qu'il n'avait pas dû guérir.

Disons, en terminant cet examen de l'influence de l'inspiration sur le cours du sang veineux, que cette influence, si évidente, si efficace, si intéressante à étudier dans son mécanisme et ses applications pratiques (je les signalerai bientôt), n'est pourtant pas une condition *sine qua non* du cours du sang veineux. En effet, le sang accomplit son mouvement circulaire chez le fœtus, dont la poitrine est immobile. La circulation veineuse se fait très-bien chez les animaux, qui *foulent* dans leur poumon, au lieu de l'y *attirer*, l'air qu'ils introduisent par une véritable déglutition (voy. t. III, p. 236 de cet ouvrage). Enfin, chez l'animal adulte lui-même, on peut, en ouvrant la poitrine, supprimer l'action aspirante; et cependant on entretient pendant quelques heures, à l'aide de la respiration artificielle, le mouvement circulaire du sang (voy. t. III, p. 331). Nous sommes donc forcé de reconnaître à chaque instant que l'énergique contraction du ventricule gauche pourrait suffire à tout.

*L'oreillette droite exerce-t-elle aussi une action aspirante?*

Il faut distinguer ici et bien poser la question. Lorsque la poitrine est intacte et qu'elle se dilate, amplifiant avec elle le médiastin et le péricarde, l'oreillette droite suit le mouvement; elle aspire donc, comme les deux troncs veineux qui aboutissent dans le péricarde (la contraction si rapide de l'oreillette interrompt à peine cette aspiration). Jusqu'ici nous ne pouvons voir dans le phénomène la preuve d'une dilatation active de l'oreillette; nous venons de dire qu'elle suit le mouvement d'ampliation des parties contenues dans la poitrine. Mais on lui a prêté aussi une dilatation active; bien plus, on a fondé sur cette prétendue dilatation active une théorie de la circulation veineuse (1) qui a trouvé des partisans (2). La question qui se pose ici est celle de la nature active ou passive de la diastole du cœur. Je l'ai traitée (t. III, p. 609); je maintiens mes conclusions : la diastole n'est pas active. L'application de l'instrument de M. Poiseuille pouvait être faite utilement ici. En ouvrant la poitrine, on supprimait l'action aspirante de cette cavité, et si néanmoins l'aspiration se faisait encore, il fallait s'en prendre à l'oreillette. L'expérience étant ainsi instituée (3), les grandes excursions du liquide n'apparaissent point; il se produit néanmoins une petite variation dans le niveau (variation de 10 millimètres). Cette action minime, je ne l'attribue pas à la dilatation active de l'oreillette, mais simplement à ce que l'oreillette, après l'*état violent* de sa contraction, se restitue, par une certaine élasticité, à des dimensions plus considérables (4).

C'est ainsi qu'il faut interpréter le résultat obtenu par Wedemeyer et Guenther, si le fait a été bien observé. Après avoir lié la jugulaire d'un cheval, ils l'ouvrirent au-dessous, et y introduisirent un cathéter luté avec un tube de verre recourbé, dont la longue branche fut plongée dans un vase plein d'eau. Le liquide montait, disent-ils, de quelques pouces à chaque pulsation du cœur, et retombait ensuite ; or la pulsation du cœur est isochrone à la diastole de l'oreillette (5). En résumé, la diastole de l'oreillette peut bien attirer le sang de la veine cave; mais cette action est faible, vu la nature de cette diastole, et ne peut s'étendre au delà de la poitrine, tant que la circulation s'opère avec vigueur.

---

(1) Zugenbuhler, *de Motu sanguinis per venas;* 1815.

(2) Carson, *An inquiry into the causes of the motion of the blood*, p. 148; Schubarth, in Gilbert, *Annalen der Physik*, t. LVII, p. 5.

(3) Poiseuille, *Journal hebdomadaire*, t. I, p. 301; 1831.

(4) M. Poiseuille dit que les variations du liquide correspondaient à la systole et à la diastole de l'oreillette.

(5) Muller, *Manuel de physiologie*, t. I, p. 179. Je n'attache pas grande confiance à cette expérience ni à son interprétation.

### *Influence de l'expiration sur le cours du sang veineux.*

L'expiration repousse le sang veineux qui est sur le point de s'introduire dans la poitrine, ou du moins elle suspend son entrée; elle exerce cependant, d'une manière indirecte, une influence accélératrice sur le cours de ce liquide. Voici comment : chaque mouvement d'expiration augmente l'impulsion du sang dans les artères (voyez *Circulation artérielle*, t. III, p. 731), et l'action impulsive se propage presque immédiatement des artères aux radicules veineuses, au travers du système capillaire. Ainsi la colonne liquide est, au même moment, accélérée au point initial de la carrière veineuse et repoussée au point terminal, c'est-à-dire au voisinage de la poitrine; à ce moment aussi, les veines se tuméfient, comme on le voit aux jugulaires des personnes qui chantent, déclament, ou font des efforts quelconques.

Quelle est la cause prochaine de ce gonflement? d'où vient le sang qui tout à coup remplit la veine? Nous rencontrons là une question très-délicate. La première idée qui se présente est que ce flot est repoussé de la poitrine et qu'il est le produit d'un reflux; mais le phénomène n'est pas si simple. Pour que le sang qui distend tout à coup, dans toute sa longueur, la jugulaire, vînt tout entier de la poitrine, il faudrait que les valvules de la partie inférieure du cou fussent complétement insuffisantes; il faudrait admettre aussi que le sang qui revient de la périphérie a cessé un instant de s'avancer vers la poitrine, ce qui n'est pas supposable. Voici donc, à mon avis, et d'après M. Sappey, comment les choses se passent : l'effort de reflux redresse et soutient redressées les valvules de la partie inférieure du cou; l'entrée du sang qui revient des jugulaires est momentanément interdite : il s'accumule dans ces vaisseaux et les gonfle, jusqu'au moment où l'inspiration lui ouvre sa route habituelle vers le cœur.

Mais on va objecter que dans les expériences de M. Barry, aussi bien que dans les expériences de M. Poiseuille, on voit ce reflux, on le mesure. Je réponds que, dans les expériences de

M. Barry, le tube ayant été poussé jusque dans la veine cave, l'action des valvules était supprimée, et que M. Poiseuille n'obtenait pas de reflux au delà du zéro de son instrument, lorsqu'il n'enfonçait pas son tube de manière à dépasser les deux valvules (1).

Il ne faut pas être exclusif. Je ne me refuserai pas à admettre qu'une certaine quantité de sang, ayant reflué, nonobstant les valvules, ne puisse se joindre dans les jugulaires à celui qui revient de la périphérie. Haller, bien qu'il eût arrêté son attention sur les deux valvules de l'extrémité inférieure de la jugulaire interne, croyait au reflux réel dans toute l'étendue du vaisseau et jusqu'au cerveau : *Sed sanguinem etiam a corde refluum in omnibus animalibus quæ eum in finem aperui, vidi per venam jugularem, dum expirabat animal, sursum refluere, ut ipsum demum cerebrum cogat intumescere* (2). C'est bien l'insuffisance des valvules qu'il soupçonne, comme le prouve l'expression assez pittoresque qu'il emploie : *custodiam harum valvularum minus fidelem esse*, etc. Cette insuffisance, que semble démontrer encore le passage facile des injections dans la veine jugulaire, alors qu'on les pousse de bas en haut dans l'une des veines caves, n'est cependant pas admise par M. Sappey ni par son élève, M. Houzé (3), qui pensent que c'est par des voies rétrogrades que l'injection revient de haut en bas dans les jugulaires. Je suis très-disposé à reconnaître, avec M. Sappey, le parfait mécanisme des valvules en question ; mais le passage des injections prouve que les jugulaires internes ne sont pas la seule voie que puisse rencontrer le sang qui reflue. Et, par exemple, quand, sur l'homme vivant, on voit se tuméfier les veines du cou pendant l'expiration, ce n'est pas sur la jugulaire interne que

---

(1) Chez le chien, c'est la jugulaire *externe* qui est la grosse veine du cou ; c'est donc cette veine qui porte sur son ouverture inférieure les deux grandes et fortes valvules qui, chez l'homme, arment le bas de la jugulaire interne. Chez le cheval, la jugulaire externe est aussi très-grosse ; mais i y a une petite jugulaire interne, qui manque chez le chien.

(2) *Elementa physiologiæ*, t. 1, p. 148.

(3) Thèse citée, n° 44, p. 64 ; Paris, 1854.

porte l'observation ; c'est sur les jugulaires externes, dont les valvules pariétales ne peuvent être comparées, pour la précision de leur mécanisme, aux deux puissantes valvules qui ferment au besoin l'ouverture inférieure de la jugulaire interne.

On suppose que ces valvules exercent une action protectrice pour le cerveau du fœtus, dont la tête est ordinairement déclive dans le sein de la mère (1), et que pendant la vie extra-utérine elles garantissent encore cet organe contre le poids dont l'accablerait, alors qu'on tient la tête inclinée en bas, une trop forte colonne de sang veineux refluant du cœur.

Si l'expiration fait refluer le sang qui est sur le point d'être admis dans la poitrine, elle a en même temps pour résultat, suivant M. Poiseuille, de pousser à intervalles, dans l'oreillette droite, le sang contenu dans la veine cave supérieure. Cette proposition paraîtra paradoxale; voici pourtant comment on peut la justifier. Déjà, dans le mémoire que j'ai publié en 1830, j'avais fait observer que le sang aspiré par la poitrine emplissait non-seulement l'oreillette, mais encore cette notable portion de la veine cave supérieure qui est apparente dans le péricarde ainsi que le sinus commun aux deux veines caves (2). Or, au moment de l'expiration, le retrait de la poitrine comprime ces parties; le sang tend à fuir, mais il est arrêté au bas du cou par l'appareil valvulaire de cette région et notamment par les deux valvules situées au confluent de la veine jugulaire et du tronc innominé. Le sang devra donc couler vers l'oreillette. Je crains que M. Poiseuille ne se soit exagéré l'importance de ce mécanisme, qui ne serait vraiment efficace que si la pression éprouvée par la veine cave supérieure, au moment de l'expiration, n'était pas partagée par l'oreillette.

D'après M. Poiseuille encore, l'expiration n'est pas sans in-

(1) Petsche, cité par Haller, *Elementa physiologiæ*, t. I, p. 149.

(2) Ceci n'est point en contradiction avec ce que dit Haller, « qu'il a vu les jugulaires et la veine cave pâlir (*expallescere*) pendant l'inspiration. » La portion de la veine cave qui est située dans le péricarde ne pourrait être observée sur un mammifère qu'autant qu'on aurait ouvert la poitrine, dès lors les effets de l'inspiration n'existeraient plus.

fluence sur le cours du sang dans la veine cave inférieure. Pendant ce temps de la respiration, les parois abdominales pressent les viscères abdominaux; la veine cave n'échappe point à cette compression. Le sang qu'elle contient tend à s'enfuir, soit vers les membres inférieurs, soit vers le cœur. Son reflux vers les membres est empêché par les deux fortes valvules du haut de la fémorale, lesquelles fonctionnent, dans ce cas, comme les deux grandes valvules de la jugulaire. Le sang marche donc vers le cœur, où il est admis à chaque diastole de l'oreillette. L'action de la paroi abdominale est rendue évidente par l'expérience suivante de M. Poiseuille. Il introduit de bas en haut, dans le haut de la veine fémorale, son tube, garni d'un long ajutage, de manière que l'ouverture du tube, dirigée vers le cœur, dépasse les deux valvules de la région, voire même celles de l'iliaque, si elle en contient; à l'instant même, le liquide de l'appareil est repoussé. S'il s'agit d'expirations modérées, on a une répulsion de 70 à 78 millimètres; mais, si les expirations sont énergiques, le liquide repoussé s'élève de 140 à 210 millimètres (1). Un fait bien digne d'être remarqué est que, pendant l'inspiration, le liquide se tient encore beaucoup plus haut que le zéro de l'instrument, d'où il suit que jamais l'action aspirante ne se propage jusqu'aux veines iliaques, et que le sang, dans ces vaisseaux, subit toujours une pression supérieure à celle de l'atmosphère. Pendant l'inspiration, c'est le diaphragme qui presse; c'est la paroi abdominale, pendant l'expiration. La tendance au reflux est moins marquée dans le premier de ces mouvements que dans le second, parce que la poitrine, qui se dilate, donne un accès plus facile au sang contenu dans la partie supérieure et élargie de la veine cave, et qu'elle aspire même ce sang. Si on coupe en travers la paroi abdominale, l'excès de pression dont il vient d'être question disparaît; ceci n'a pas besoin d'être expliqué.

Voici mon opinion sur ce point de doctrine. Je ferai remarquer d'abord que, dans la condition nouvelle où l'ouver-

---

(1) *Journ. hebdomadaire*, t. I, p. 299; 1830.

ture de la paroi abdominale place la veine cave inférieure, les effets de l'inspiration et de l'expiration s'y dessinent avec la plus grande pureté et sur une échelle très-étendue. Qu'on relise le journal des expériences de Haller (1), on verra que, le ventre de l'animal étant ouvert, le sang s'achemine, à chaque inspiration, vers le cœur; que la veine cave s'aplatit, se vide et pâlit; puis, au moment de l'expiration, la veine devient turgide, d'un bleu foncé, et elle s'arrondit. Le flux et le reflux sont apparents, dans ce cas, jusque dans les veines iliaques. Est-il vrai que l'intégrité des parois abdominales change l'état des choses, à ce point que la rentrée du sang dans l'oreillette soit accélérée pendant l'expiration comme pendant l'inspiration? Je ne le crois pas. Je regarde comme très-intéressants les résultats de l'application de l'hémodynamomètre aux veines crurales et iliaques, mais les inductions qu'on en a tirées ne me paraissent pas légitimes. De ce que la pression du sang contre les parois des veines iliaques est augmentée pendant l'expiration, on ne peut pas conclure qu'à ce moment, le sang entre plus facilement dans la poitrine, resserrée elle-même par l'expiration.

## *Du pouls veineux.*

J'ai déjà parlé d'un pouls veineux accidentellement apparent au dos de la main (p. 15 de ce volume); j'ai parlé aussi de saccades dans le jet du sang s'écoulant de veines ouvertes soit au pli du bras, soit ailleurs. Je ne veux m'occuper ici que du pouls veineux de la région du cou, *pouls jugulaire.* Ce n'est point un état normal, ou du moins le phénomène se passe-t-il sur une si petite échelle, quand la circulation est régulière, qu'il ne se produit point à l'extérieur. Mais, dans certaines maladies du cœur, on voit s'établir au cou des battements très-apparents, rhythmiques, isochrones à la systole du cœur, et siégeant pourtant ailleurs que dans les artères : c'est là le véritable *pouls veineux.* On ne sait s'il a été connu d'Hippocrate, mais Galien l'a nettement caractérisé. Hippocrate, il est vrai, parle des battements des vaisseaux du cou. Avait-il observé les carotides ou les jugulaires? On n'était pas assez habile en angiologie, de son temps, pour établir une distinction entre les battements artériels et veineux. Certains commentateurs (1) pensent que les pulsations fortes des jugulaires mentionnées par le père de la médecine n'étaient autre chose que les battements des carotides; mais la distinction est nettement établie par Galien. « Nous avons vu plus souvent, dit-il, les jugulaires du cou, qui sont *situées superficiellement*, être agitées d'un mouvement qui ne diffère pas de celui du pouls. »

Le pouls veineux est plus apparent à la *vue* qu'au *toucher;* la diastole de la veine ne repousse pas le doigt avec la même énergie que le fait la diastole d'une grosse artère.

C'est sur le trajet de la veine jugulaire externe que le battement se dessine, ce qu'explique la position superficielle de cette veine, qui n'est recouverte que par la peau et le peaucier. J'ajoute qu'elle est plus exposée au reflux que l'interne, puisqu'elle n'a pas, comme cette dernière, deux valvules sur son orifice inférieur. Ces deux valvules toutefois n'empêchent pas que des pulsations ne se propagent (par leur intermédiaire, je pense) dans la veine jugulaire interne. Les pulsations sont alors très-larges; elles donnent au toucher une impression d'un choc plus mou que celui qu'occasionnerait le battement de la carotide.

Le pouls veineux du cou n'est point, comme celui qu'on a observé au dos de la main, le résultat d'une impulsion *a tergo;* ce n'est pas dans l'action accélératrice du ventricule gauche qu'il prend sa source, mais dans un courant rétrograde occasionné par les contractions des cavités droites du cœur, et éventuellement par le resserrement de la poitrine dans l'expiration.

Comme on le devine, la cause des pulsations jugulaires n'est pas toujours la même. Le cœur et la poitrine peuvent y intervenir : le cœur, par les contractions de ses cavités droites; la poitrine, par son mouvement d'expiration. Dans le cœur droit, il faut examiner la part de l'oreillette et celle du ventricule.

---

(1) Jacot, *Comm. in Coac.*, lib. II, sect. 2, n° 42; Duret, *in Coac.*, lib. II, cap. 10, n° 1.

La contraction de l'oreillette cause dans la veine cave supérieure et dans ses affluents une impulsion rétrograde, qui, si elle s'exagère, engendre la pulsation veineuse. Cela pourrait arriver dans le cas de rétrécissement de l'orifice auriculo-ventriculaire droit avec hypertrophie des parois de l'oreillette ; mais ces deux états pathologiques sont rares à droite.

Quant au ventricule droit, lorsque la valvule auriculo-ventriculaire (tricuspide) fonctionne d'après le mécanisme régulier que j'ai décrit t. III, p. 637, il n'y a pas de reflux capable de faire naître le pouls veineux ; mais, qu'une dilatation de ce ventricule ait en même temps agrandi l'orifice auriculo-ventriculaire, la valvule triglochine sera insuffisante : chaque contraction du ventricule fera refluer du sang au travers de l'oreillette, jusque dans les veines du cou et notamment dans la jugulaire externe, où la pulsation sera apparente. C'est là, je le répète, le véritable pouls veineux, et il a presque toujours la signification que lui a donnée Lancisi. Il est isochrone au pouls artériel, tandis que le reflux causé par l'oreillette alternerait avec la pulsation ou du moins la précéderait un peu : ce serait un pouls veineux présystolique.

On n'avait pas songé à faire intervenir d'autres agents d'impulsion que le cœur dans la production du pouls veineux, jusqu'au moment où les découvertes sur la double action aspirante et répulsive de la poitrine firent admettre une seconde espèce de pouls veineux. Alors on voit Haller introduire dans sa Physiologie un paragraphe ayant pour titre : *Pulsus venosus qui a respiratione fit*. Morgagni (1) aussi reconnaît que le phénomène est complexe et tantôt en rapport avec les battements du cœur, tantôt avec les mouvements respiratoires ; Bertin (2) et autres développent ce point de doctrine.

Quand ces deux causes interviennent à la fois, on observe au

(1) *De Sedibus et causis morborum*, epist. XIX, n° 34.

(2) Bertin, Mémoire sur la principale cause du gonflement et du dégonflement alternatif des veines jugulaires, de celles du visage, des deux veines caves et de leur sinus, différent de celui qui est produit par la contraction de l'oreillette droite du cœur (*Mémoires de l'Académie des sciences*, 1763, p. 260).

bas du cou des mouvements tumultueux dans les veines, plutôt que des battements rhythmés bien dessinés. Et cela se conçoit, puisque les mouvements respiratoires et ceux du cœur ne sont pas synchrones: les premiers étant beaucoup moins nombreux que les seconds, en un temps donné. Des pulsations tumultueuses s'observent souvent quand il y a un mouvement fébrile très-prononcé; dans ce cas, elles ne sont point nécessairement le résultat d'une altération organique permanente, et elles disparaissent, à mesure que le pouls et la respiration deviennent moins fréquents. Le pouls veineux peut aussi accompagner, dit-on, celles des maladies du poumon qui gênent le passage du sang des cavités droites aux cavités gauches du cœur.

Je ne quitterai pas ce sujet sans parler d'un phénomène que l'on a qualifié aussi de *pouls veineux,* et qui n'est dû ni aux contractions du cœur ni aux mouvements respiratoires. J'en ai touché un mot, à propos de l'irritabilité des veines (voir page 28 de ce vol.); j'en compléterai ici l'histoire, d'après les travaux de M. Alison (1), qui a tiré de ses expériences les conclusions suivantes:

1° Les veines caves, près du cœur, ainsi que les veines pulmonaires, ont un pouls dans les quatre classes des vertébrés.

2° Ce pouls continue chez les animaux mourants longtemps après que l'oreillette et le ventricule ont cessé de se contracter.

3° Chez les quadrupèdes, ces pulsations continuent quelques heures après que les vaisseaux ont été séparés du cœur et même du corps.

4° La distension par le sang n'est pas absolument nécessaire à leur pouvoir contractile.

5° L'on peut stimuler leur contraction, ou dans le corps ou hors du corps, par des moyens mécaniques, et surtout par le galvanisme, après que tout mouvement a cessé depuis quelque temps.

6° Par une stimulation répétée, on diminue la force contrac-

---

(1) *Medico-chirurg. review,* juillet 1839, et *Arch. gén. de méd.*, 3e série, t. V, p. 476.

tile des veines, et, pour les réexciter ensuite, il faut s'arrêter quelques instants.

7° La ligature d'une veine ou son irritation fera souvent cesser ses pulsations, tandis qu'elles continueront dans les autres.

8° Une veine peut se contracter seulement en un point.

9° Souvent on aperçoit, d'une extrémité d'une veine à l'autre, un mouvement d'ondulation.

10° En irritant une veine, quelquefois d'autres se contractent simultanément; d'autres fois la contraction n'a lieu que pour la veine stimulée.

11° Il y a une grande variété relativement à l'ordre dans lequel se font les pulsations veineuses.

12° Ainsi le nombre des pulsations peut varier, être plus considérable d'un côté que de l'autre.

13° Elles peuvent avoir deux fois la fréquence des mouvements des oreillettes.

14° En général les veines caves sont isochrones, et suivies par l'oreillette, puis par les ventricules; mais il n'en est pas ainsi invariablement.

15° Les pulsations de quelques points peuvent se suivre immédiatement ou à des intervalles de plusieurs secondes.

16° Les veines peuvent battre nombre de fois avant que le cœur soit le siége d'une seule contraction, et *vice versa*.

17° Les veines pulmonaires conservent probablement leur excitabilité plus longtemps que les veines caves, quoiqu'elles ne cessent pas de battre en même temps.

18° Enfin il est très-douteux que les autres veines soient douées d'une force de contraction sensible, comme celle qui existe dans les veines caves et les veines pulmonaires, près du cœur.

Plusieurs de ces propositions ne sont pas neuves, mais je n'ai pu les retirer de cet ensemble de conclusions. Pour l'appréciation de la dernière, je renvoie aux pages 28 et suivantes de ce volume.

## De l'entrée accidentelle de l'air dans les veines.

J'ai dit, en commençant l'histoire de la circulation veineuse, que ce sujet était fécond en applications pratiques; celle sur laquelle je vais m'arrêter ici offre le plus grand intérêt.

Il est arrivé déjà trop souvent que dans le cours d'une opération chirurgicale, alors que tout marchait avec régularité, que le patient avait bon courage, qu'il n'était ni épuisé par la douleur ni affaibli par la perte du sang, que tout enfin promettait une bonne fin de l'opération; il est arrivé, dis-je, qu'au moment où le bistouri divisait peut-être les derniers liens qui retenaient une tumeur dont on pratiquait l'extirpation, tout à coup un bruit particulier, partant du point où l'on venait de porter le tranchant de l'instrument, s'est fait entendre, et a frappé d'étonnement l'opérateur et les assistants; que le malade, après avoir ou non fait entendre un cri de détresse, et en quelque sorte prophétique, a pâli, s'est affaissé dans une syncope finale, et que tous les soins pour le ramener à la vie sont demeurés impuissants.

Après avoir, mais vainement, essayé de se rendre compte de ce terrible accident par l'épuisement de la force nerveuse, qui, disait-on, pouvait s'écouler comme le sang pendant les opérations, après avoir invoqué, sans plus de succès, l'apparition d'une syncope ordinaire, on s'avisa, de nos jours, et avec raison, de s'en prendre à l'entrée de l'air dans une veine que le bistouri venait de diviser.

Mais par quel mécanisme l'air entre-t-il dans les veines? Pourquoi l'accident dont nous nous occupons est-il si rare, bien que tous les jours on divise des veines dans les opérations chirurgicales, bien qu'on les ouvre plus souvent encore pour obtenir des émissions sanguines? pourquoi cet accident ne se montre-t-il que dans les opérations pratiquées sur certaines régions du corps? Pas un de ceux qui faisaient jouer un si grand rôle à la pénétration de l'air dans les veines n'eût été en mesure de répondre à ces questions, si on les lui eût posées ; de sorte que le scepticisme pénétrait dans certains esprits touchant ce point d'étiologie. Je me suis toujours montré si scrupuleux, dans ce livre aussi bien que dans mon enseignement, lorsqu'il s'est agi d'attribuer aux inventeurs ce qui leur appartient, qu'il me sera permis sans doute de rappeler ici que j'ai établi ce point de la science en 1830 (1), et qu'en faisant connaître le mécanisme et les conditions de l'entrée de l'air dans les veines, j'ai prouvé qu'on n'avait pas eu tort de lui attribuer la déplorable issue de certaines opérations chirurgicales.

Avant mon travail, je m'empresse de le reconnaître, M. Magendie (2) avait montré que l'air pouvait être attiré par une sonde introduite dans la jugulaire et ouverte à ses deux bouts; mais il n'avait pas aperçu la disposition anatomique qui permet à certaines veines de fonctionner, sous ce rapport, à la manière d'une sonde qui ne s'affaisse pas sous la pression de l'atmosphère. Le mémoire de M. Poiseuille (3) acheva de faire comprendre pourquoi l'entrée de l'air ne se produisait que dans les régions du corps que j'avais déjà indiquées. Quant à la discussion solennelle et prolongée qui eut lieu en 1837, au sein de l'Académie de médecine, à l'occasion d'un fait que M. Amussat lui avait communiqué, elle faillit, il faut l'avouer, elle faillit faire rétrograder la science, et peut-être eût-elle amené ce résultat, si M. Amussat, réalisant approximativement sur des animaux vivants les conditions dans lesquelles l'air est attiré dans les veines de l'homme, pendant les opérations chirurgicales, n'eût fait voir à tous, excepté à ceux de ses adversaires qui avaient pris la résolution de ne rien voir, que, dans ces circonstances, l'air pénètre effectivement dans les voies circulatoires.

Disons donc quelles sont les conditions de l'entrée de l'air dans les veines.

---

(1) *Arch. gén. de méd.*, t. XXIII, p. 169.

(2) *Journal de physiologie*, t. I, p. 132.

(3) *Journal hebdomadaire*, t. I, p. 291 ; 1830.

1° Si les parois d'une veine divisée étaient flasques et susceptibles de s'affaisser sous le poids de l'atmosphère à mesure que le sang s'en écoule, l'air ne serait en aucune façon sollicité à pénétrer dans la cavité du vaisseau; mais, si la veine est blessée dans des conditions physiques telles qu'elle ne s'affaisse pas complétement, l'air pourra remplacer ou suivre le sang vers le cœur. Les veines dont les parois sont adhérentes à des lames fibreuses sont précisément dans ce cas (voy. p. 10 et 11 de ce volume). Il n'est pas rare que le chirurgien fasse naître lui-même, dans la veine qu'il va diviser, la condition physique qui permet la pénétration de l'air. Si la tumeur qu'il extirpe est adhérente à des veines sous-jacentes, et si, au moment où il donne le coup de bistouri destiné à la séparer des parties profondes, il la soulève, les vaisseaux, rendus béants par ce tiraillement, recevront l'air avec facilité. La simple traction exercée sur la veine au moment où on la divise, sans qu'il y ait eu adhérence de la tumeur avec le vaisseau, peut aussi y permettre l'entrée de l'air, si les autres conditions dont je vais parler existent en même temps. Ce mécanisme, qui s'est produit dans plusieurs opérations, démontre la justesse de la théorie que j'ai donnée. M. Warren (1), qui a eu l'occasion de le constater en pratiquant l'ablation d'une tumeur de l'aisselle et qui a voulu en faire une objection à ce que je professe, nous montre qu'il raisonne un peu moins bien qu'il n'opère. Il a été plus mal inspiré encore quand il a voulu généraliser ce mécanisme. Est-ce que l'on avait enlevé des tumeurs, est-ce que l'on avait tiraillé les veines, lorsque l'on a vu la simple saignée de la jugulaire être suivie, chez le cheval, de l'entrée de l'air dans les voies circulatoires? Est-ce que M. Warren (2) lui-même soulevait une tumeur ou tiraillait une veine, dans l'opération où il avait pour but la ligature de la carotide primitive, opération qui fut compliquée de l'entrée de l'air dans une veine? Est-ce que M. Manec (3), pendant qu'il liait l'artère sous-clavière, avait

---

(1) *American journ. of med. sc.*, vol. X, p. 546, et *Gaz. méd.*, 1833, p. 226.

(2) *Loc. cit.*, p. 545.

(3) Thèse de M. Laville, n° 22, p. 1; Paris, 1850.

tiraillé la veine dans laquelle l'air fit irruption? M. Clémot (1) n'a-t-il pas été témoin du même accident dans la même circonstance?

On a vu quelquefois enfin l'induration des parois des veines maintenir béante leur lumière après que le bistouri du chirurgien les avait divisées.

2° L'état d'adhésion des veines aux aponévroses, leur soulèvement, leur tiraillement au moment où on les coupe pendant une opération chirurgicale, ne suffiraient pas pour y faire pénétrer l'air plus loin qu'à l'endroit divisé. Et en effet, tous les jours, on divise des veines dont les parois ne s'affaissent pas complétement, tous les jours on extirpe des tumeurs qui peuvent être adhérentes à des veines, sans observer les accidents de la pénétration de l'air dans les voies circulatoires. Il faut, pour que l'air arrive au cœur, qu'il y ait une *aspiration* exercée par la veine.

La possibilité que cette seconde condition fût réalisée était révélée au physiologiste par la connaissance des rapports qui existent entre la respiration et le cours du sang veineux. Pour que l'aspiration soit efficace, il faut que, depuis l'endroit où la veine est blessée jusqu'au cœur, le vaisseau ne puisse s'affaisser complétement sous le poids de l'atmosphère; autrement l'aspiration ne se propagerait pas jusqu'au lieu de la blessure. L'aspiration de l'air par la veine a lieu au moment où la poitrine se dilate (voy. p. 58 et suiv. de ce vol.). Si la section du vaisseau a lieu pendant l'inspiration, si l'inspiration est profonde, comme cela a lieu souvent chez ceux qui éprouvent les douleurs ou l'émotion d'une opération, l'entrée de l'air a lieu à l'instant même, et elle peut être très-considérable. Si le vaisseau est divisé pendant l'expiration, c'est à l'inspiration suivante que l'air est attiré par la veine. Certaines dispositions locales peuvent retarder l'entrée de l'air dans les voies circulatoires; celle-ci peut avoir lieu à plusieurs reprises.

3° L'action aspirante de la poitrine étant limitée, comme l'ont

---

(1) *Lancette française*, t. IV, p. 95; 1830.

montré les expériences de M. Poiseuille (voy. p. 65 de ce vol.), il n'y aura pas danger de pénétration de l'air lorsque les veines divisées se trouveront au delà de la limite où s'étend cette action aspirante. Il y a donc, au voisinage de la partie supérieure de la poitrine, une zone appelée *zone dangereuse*, et où les plus minces opérations peuvent avoir des résultats funestes. Les faits recueillis sur l'homme, en même temps qu'ils confirment tout ce qui précède, nous font connaître l'étendue de cette zone. Dans le recensement de ces faits, il est moins important de dire où était située la tumeur dont on pratiquait l'extirpation, que de faire connaître, quand la chose est possible, le lieu précis qu'entamait le tranchant du bistouri, au moment où l'air a fait irruption dans le cœur. Je n'épuiserai pas la liste; mais, en prenant presqu'au hasard une quinzaine de faits, je suis bien sûr de parcourir tous les points de cette zone dangereuse. Le tranchant ou la pointe du bistouri était dirigé : *au-dessous de la partie interne de la clavicule*, dans l'observation de M. Amussat (1); *sur la partie inférieure de la jugulaire externe*, qui fut ouverte, dans l'observation de M. Manec (2); *sur la veine jugulaire interne*, qui fut piquée, dans l'une des observations de M. Roux; *sur la partie moyenne et latérale du cou*, dans le fait de Barlow de Blackburn (3); *sur la veine faciale, là où elle se recourbe pour passer sur la mâchoire*, dans l'opération de Mott (4); *sur la veine jugulaire externe*, dans l'opération de Beauchêne (5); *sur la partie latérale et postérieure du cou*, dans l'opération de Dupuytren (6); *sous la partie interne d'une tumeur de l'aisselle*, dans l'une des observations de

(1) *Gaz. méd.*, 1837, p. 431.

(2) Thèse de M. Laville, n° 22, p. 9; Paris, 1850. C'est là une des régions les plus dangereuses de la zone dangereuse; il suffit de couper en travers la partie inférieure de la jugulaire externe pour reconnaître que ses parois restent écartées.

(3) *Gaz. méd.*, 1831, p. 355.

(4) *Gaz. méd.*, 1831, p. 355.

(5) *Journal de physiologie*, t. I, p. 190; 1821.

(6) *Archives gén. de méd.*, t. V, p. 424.

M. Clémot (1); *sur le trajet de l'artère sous-clavière* qu'il voulait lier, dans une deuxième observation de M. Clémot (2); *sur la veine sous-scapulaire*, dans l'une des observations de M. Warren (3); *vers le bord axillaire du scapulum*, dans l'opération de M. Castara, de Lunéville (4); *sur la veine axillaire*, qui fut ouverte, dans l'opération de M. Goulard (5); *sur la veine jugulaire interne*, qui fut ouverte, dans une deuxième observation de M. Warren (6); *sur la veine jugulaire interne*, qui fut ouverte, dans l'opération de M. Ulrich (7); *sur la veine jugulaire interne*, qui fut ouverte, dans l'opération de M. Mirault, d'Angers (8); *vers l'intervalle du pharynx et des gros vaisseaux*, dans l'observation de M. Schmidt (9); *sur la veine sous-clavière*, dans l'observation de M. Bertrand, rapportée par M. Girbal (10). Cet accident enfin s'est présenté plusieurs fois pendant l'ablation de certaines tumeurs du sein et pendant l'extirpation du bras dans l'article : témoin l'observation de Delpech (11) et celle de M. Roux (12).

Je ferai ici une remarque qui s'appliquera à bon nombre des observations que je viens de citer. La veine axillaire forme la fin

---

(1) *Lancette française*, t. IV, p. 95; 1830.

(2) *Ibid.*

(3) *Arch. gén. de méd.*, 2e série, t. I, p. 419.

(4) Thèse de M. Saucerotte, 24 mars 1828 ; Strasbourg.

(5) *Gaz. méd.*, 1833, p. 835.

(6) *Arch. gén. de méd.*, 2e série, t. I, p. 419; et *The American journ. of the medical sciences*, vol. X, p. 545; 1832.

(7) *Journal des connaissances médico-chirurgicales*, 1834-1835, p. 90.

(8) Thèse de M. Guéretin, n° 194, p. 16 ; Paris, 1837. Pour la quatrième fois, nous voyons l'air attiré par la jugulaire interne. Cette veine n'est pas immédiatement attachée à une aponévrose; mais les aponévroses du cou et le peaucier forment, en passant de la saillie du larynx sur la saillie du sterno-cléido-mastoïdien, une espèce de pont qui protége assez la veine contre la pression atmosphérique, pour qu'elle reçoive l'action aspirante de la poitrine.

(9) *Gaz. méd.*, 1852, p. 361.

(10) *Gaz. méd.*, 1853, p. 45.

(11) *Mémorial des hôpitaux du Midi*, t. II, p. 231; 1830.

(12) Séance de l'Académie de médecine du 30 janvier 1838 (*Gaz. méd.*, 1838, p. 90).

d'un long canal aspirateur, qui commence au cœur et finit vers le bas de l'aisselle. Ce canal se compose de la veine cave supérieure, tant dans le péricarde qu'au dehors du péricarde, de la veine innominée ou brachio-céphalique, de la veine sous-clavière, et enfin de la veine axillaire elle-même, qui offre un assez notable trajet; et, comme les veines qui aboutissent à l'axillaire elle-même sont naturellement tendues, ou peuvent l'être davantage, au moment de l'opération, l'action aspirante rayonne en quelque sorte (qu'on me passe cette expression) du centre de l'aisselle. C'est ainsi qu'on a vu survenir les accidents de l'entrée de l'air dans les veines, pendant l'extirpation de tumeurs du sein, lorsque la dissection s'étendait vers l'aisselle. Dans le cas d'extirpation du bras opérée par M. Roux, ce ne fut pas par le tronc de la veine axillaire que l'air fut aspiré, puisque les deux sifflements se firent entendre pendant qu'il taillait le lambeau postérieur, et avant que la veine axillaire fût coupée. Enfin, et personne que je sache n'a fait cette observation, *le tronc veineux brachio-céphalique droit étant deux fois et demie plus court que le gauche*, je ne doute pas que les opérations ne soient, toutes choses égales d'ailleurs, plus dangereuses à droite qu'à gauche. J'ai été détourné de faire un relevé à ce sujet, parce que bon nombre d'observateurs ou leurs abréviateurs, n'ayant pas compris l'intérêt de cette indication, ont négligé de faire connaître le côté sur lequel ils opéraient. La dissection se faisait à droite dans les opérations de Beauchêne, de Dupuytren, de Castara, de M. Mirault, de M. Amussat, de M. Schmidt, de M. Girbal, dans l'une des opérations de M. Warren et l'une des opérations de M. Roux. Elle se faisait à gauche dans les cas de Delpech, de M. Manec, de M. Barlow, et dans l'une des opérations de M. Warren : sur 13 cas, 9 à droite, 4 à gauche. Mais d'autres observations pourraient déranger ce rapport.

Il faut croire que ceux qui ont contesté le point de doctrine que je touche ici n'avaient pas pris la peine de s'enquérir des faits. Ils mettent en doute l'entrée de l'air dans les veines, et pourtant il est à peine une observation où on n'ait *entendu* l'air entrer, où on ne l'ait trouvé dans le cœur quand l'accident a eu une terminaison funeste. Quelquefois on l'a entendu dans le cœur du vivant de l'individu, quelquefois on l'a vu sortir en rendant le sang écumeux chez certains opérés qui n'ont pas succombé. L'air, en entrant, produit ordinairement un *sifflement*, et quelquefois un bruit un peu différent.

Voici les termes que je relève dans les observations que j'ai citées (1) : *Tout à coup un bruit particulier se fit entendre, il était absolument semblable à celui que fait l'air lorsqu'il entre par une petite ouverture dans la poitrine d'un animal vivant* (observation de Beauchêne) (2). — *Un sifflement prolongé analogue à celui qui est produit par la rentrée de l'air dans un récipient dans lequel on fait le vide* (observation de Dupuytren). — Un *bouillonnement ou gloussement* (observation de M. Warren). — Un *sifflement marqué*, une *sorte de reniflement*. On met le doigt dans la plaie, le bruit cesse; on ôte le doigt, il reparaît. (Observation de M. Mirault.) —*Un sifflement assez aigu, mais rude et bref* (observation de M. Manec). — *Un bruit distinct et saccadé d'air qui s'introduit dans une cavité par une ouverture étroite* (observation de M. Amussat). — *Sorte de glouglou caractérisé par plusieurs claquements précipités qui semblaient s'élever du fond de la plaie* (observation de M. Castara). —*Deux reniflements très-brusques* (observation de Delpech). — *Bruit remarquable de soufflet ou d'aspiration* (dans les deux observations de Clémot) : on applique le doigt, le bruit cesse; on ôte le doigt, le bruit se fait encore entendre. — *Une espèce de sifflement analogue au bruit que fait l'air lorsqu'on en a laissé passer quelques bulles dans la machine pneumatique où l'on fait le vide* (observation de M. Roux). — *Deux sifflements* (autre opération de M. Roux). — *Deux sifflements* (observation de M. Ulrich). — *Un sifflement avec gar-*

(1) Le côté n'est pas indiqué dans la relation de Sanson, mais il l'est dans le *Dictionnaire de médecine*, 2e édit., t. II, p. 69.

(2) Je reprends les mêmes faits, pour ne pas couvrir de nouveau ces pages de notes bibliographiques.

*gouillement* (observation de M. Barlow, de Blackburn). — *L'attention de toutes les personnes présentes fut frappée par un bruit de gargouillement* (observation de M. Mott). — *Un bruit tout à fait semblable à celui qu'on perçoit en versant un liquide dans un tonneau à travers un entonnoir, et lorsque avec le reste du liquide passe en même temps de l'air par le cylindre de l'entonnoir* (observ. de M. Schmid). — *Bruit de sifflement aigu et prolongé. L'auscultation du cœur permet de percevoir un bruit de glouglou masquant le tic tac du cœur. La résonnance de la région du cœur est notablement exagérée* (opération de M. Bertrand, rapportée par M. Girbal).

Ce bruit se produit aussi chez les animaux. Un honorable vétérinaire, M. Barthélemy, disait, dans le sein de l'Académie de médecine (1), que quand on l'avait entendu une fois, on ne pouvait plus le méconnaître. Ajoutons que certains opérateurs ont cru, au moment où il se produisait, avoir ouvert les voies aériennes. Beauchêne crut avoir ouvert la poitrine; Clémot crut aussi avoir ouvert la poitrine. Dupuytren, qui n'avait jamais entendu parler de pénétration de l'air dans les veines quand cet accident lui enleva la jeune fille robuste et courageuse qu'il opérait, dit, en entendant ce bruit, dont il ne pouvait soupçonner la cause : « Si nous n'étions pas si loin des voies aériennes, nous croirions les avoir ouvertes » (2).

Si, en présence de cet ensemble de faits, quelques esprits conservent des doutes, je les tiens pour incurables, et je ne disputerai point avec eux. Sans doute l'erreur ou le désir de pallier un insuccès ont pu faire attribuer, à l'entrée de l'air dans les veines, des accidents qui reconnaissaient une autre cause ; sans

(1) *Gaz. méd.*, 1838, p. 61.

(2) Comment a-t-on pu dire que l'observation de Dupuytren était controuvée ? Sans doute l'explication est venue postérieurement, mais les détails sont concluants. De plus l'oreillette était distendue par de l'air ; la rigidité cadavérique existait encore au moment de l'ouverture du cadavre, donc pas de putréfaction.

doute, parmi les 32 observations rassemblées par M. Velpeau (1), et qui pour la plupart avaient été consignées déjà dans la thèse de M. Putégnat (2), il y en a quelques-unes qui ont été mal appréciées par leurs auteurs; mais cela ne peut ébranler un corps de doctrine aussi solidement établi que l'est celui-ci.

On a fait encore, dans le sein de l'Académie, une objection à laquelle la physiologie doit répondre. L'action aspirante de la poitrine, a-t-on dit, n'était évidente, dans les expériences de M. Poiseuille, que quand il mettait son tube à 2 centimètres de la poitrine; elle n'a donc pu attirer l'air quand les veines ouvertes étaient à plus de 2 centimètres du sommet de la poitrine! Mais d'abord le fait articulé est inexact; l'aspiration se faisait encore à 14 centimètres de la poitrine des chiens quand l'inspiration était profonde. Or celui-là fait de profondes inspirations qui est sous le couteau de l'opérateur. L'air n'est-il pas plus facile à aspirer qu'un liquide? Enfin l'hémodynamomètre appliqué à la veine jugulaire d'un chien ne nous donne pas la mesure de la puissance aspiratrice de la poitrine de l'homme. Chez celui-ci, les rapports très-intimes des veines avec les aponévroses, la présence de la clavicule, donnent une grande prise à la respiration sur la circulation veineuse. Pendant l'opération de Mott, l'air entre dans la faciale ouverte, là où elle va se recourber sur la mâchoire; après l'opération de Delpech, l'air entre au moment où il vient d'enlever le bras gauche. Or, entre l'oreillette droite et la fin de la veine axillaire gauche de l'homme, il n'y a pas moins de 15 cen-

(1) *Gazette médicale*, 1838, p. 113. L'excellent esprit de critique de mon célèbre collègue semblait l'avoir abandonné, lorsqu'après avoir analysé ces 32 faits, non compris ceux qui appartiennent aux vétérinaires, il écrivait qu'il *était probable* et même *extrêmement probable*, que dans quelques-uns de ces faits, il y avait eu pénétration de l'air dans les veines de l'opéré!!! Instruit enfin par sa propre expérience, et peut-être aussi par un examen moins passionné de la question, M. Velpeau serait plus affirmatif aujourd'hui. J'espère lui être agréable en faisant connaître à notre jeunesse des écoles que, si j'en juge par ma dernière conversation avec lui, M. Velpeau regarde comme *certain* en 1855 ce qui ne lui paraissait qu'*extrêmement probable* en 1838.

(2) Thèse de la Faculté de médecine de Paris, 1831, nº 156.

timètres d'intervalle. La puissance d'aspiration s'étend bien plus loin chez le cheval. Je tiens de M. Leblanc que la saignée de la jugulaire, chez cet animal, est quelquefois suivie de l'entrée de l'air dans la veine, alors que celle-ci a été ouverte à 1 pied et plus de la poitrine. Quant à ceux qui ont parlé de l'entrée accidentelle de l'air dans la saphène de l'homme, ils ont fait preuve d'une grande ignorance des lois de la circulation veineuse (1).

Enfin l'entrée spontanée de l'air ayant lieu dans les veines des animaux, comme dans les veines de l'homme, dans les mêmes conditions et avec des résultats qui au fond sont les mêmes que chez l'homme, je tire de ce rapprochement une confirmation nouvelle de tout ce que je viens d'écrire touchant ce point de physiologie pathologique. L'entrée de l'air, si souvent observée chez le cheval que l'on saigne, a suggéré aux vétérinaires l'observation de certaines précautions pendant la pratique de la phlébotomie. Rappelons enfin à l'appui de notre thèse les expériences faites par M. Amussat devant une commission académique, et le rapport de M. Bouillaud au nom de cette commission. On ouvre une veine dans le voisinage du sommet de la poitrine, l'air entre à l'instant; même bruit que chez l'homme, même influence funeste de l'air, mêmes accidents que chez l'homme, si ce n'est pourtant que les convulsions l'emportent chez eux sur l'état syncopal et que la mort n'est presque jamais aussi prompte que dans l'espèce humaine. A cet égard, il y a d'ailleurs des différences entre les animaux. La mort a lieu chez les lapins dans une période d'une à cinq minutes; chez les chiens, dans une période de trois à vingt-sept minutes; chez les chevaux, dans une période de treize à trente-cinq minutes. Lorsque chez ces derniers animaux on injecte l'air avec une seringue, au lieu de le laisser aspirer, on peut, suivant M. Barthélemy,

(1) Un médecin américain, qui, pendant son séjour en France, avait assisté à la clinique de l'hôtel-Dieu de Paris, a raconté à M. Warren, son compatriote, qu'il avait vu Dupuytren couper en travers une saphène variqueuse et dont les parois épaissies ne pouvaient revenir sur elles-mêmes; qu'à l'instant même il y avait eu pénétration de l'air et mort de l'opéré!!! (*Gazette méd.*, 1833, p. 227.)

introduire 1 litre, 2 litres et jusqu'à 3 litres d'air, sans que les chevaux succombent; mais 4 litres les tuent à peu près constamment. On les tue sûrement, si on souffle l'air avec la bouche (1).

Je ne voudrais pas écrire un article de pathologie chirurgicale, cependant je ne puis me dispenser de dire quelques mots de la cause de la mort par entrée de l'air dans les veines. Ceci, en effet, est encore de la physiologie, et cette science doit prendre son bien partout où elle le trouve.

Disons d'abord que ce terrible accident n'a pas toujours une issue mortelle : témoin l'observation de M. Amussat, l'une des observations de M. Warren, l'observation de M. Mott, une observation de M. Velpeau, deux observations de M. Clémot, etc. Le siége de la blessure, l'ouverture plus ou moins grande faite à la veine, l'inspiration plus ou moins profonde, des hémorrhagies antérieures, un mouvement de reflux qui aura expulsé de l'air avec le sang, etc., peuvent faire varier les résultats.

Plus de cent cinquante ans avant que le fait de Beauchêne (14 juillet 1818) eût donné l'éveil aux chirurgiens sur la possibilité de la pénétration de l'air dans les veines pendant les opérations, les physiologistes avaient eu la curiosité de rechercher quels seraient les effets de l'injection de ce fluide dans les voies circulatoires.

Lorsqu'après la découverte de la circulation on se mit à injecter toutes sortes de médicaments dans les veines, il est possible que Wren y ait poussé de l'air; néanmoins l'expérience dont nous parlons est attribuée par Brunner à Wepfer, d'où le nom d'*expérience wepférienne* qui lui a été donné (2). L'air injecté était funeste aux animaux. Verdries (3) dit en effet que Wepfer, en soufflant de l'air, avec la bouche seulement, dans la veine jugulaire, renversait quelquefois et tuait un bœuf d'une grosseur extraordinaire. Vers la même époque (1667), Redi écri-

---

(1) *Gaz. méd.*, 1838, p. 61. Je crois que la seringue de M. Barthélemy n'envoyait pas tout son contenu dans les veines.

(2) *Animal ex insufflato per tubulum in venam aere extingui ocyus experimento wepferiano constat* (*Eph. natur. cuios.*, déc. 3, an IV, p. 158).

(3) *Dissert. epist. de inflatione ureterum*, in-4°; Giessæ, 1704.

vait à Stenon pour lui rappeler qu'ils avaient fait périr subitement, de cette manière, deux chiens et un lièvre, et, dans l'espace de trois minutes quarante-cinq secondes, une brebis et deux renards. Morgagni, dans sa 5e lettre (1), rend compte des expériences faites par Brunner, par Van der Heyden, par Camerarius, par Harder, par Sproegel et par Vallisnieri. Tous s'accordent à dire qu'ils ont vu l'air *accumulé en grande quantité dans les ventricules du cœur et dans ses oreillettes, et distendant tellement les parois de ces cavités qu'il avait dû empêcher les contractions des parois de ce viscère, de la même manière que l'urine empêche la contraction de la vessie quand elle la remplit outre mesure.* Dans toutes les parties du corps, les artères et les veines contenaient des bulles d'air mélangées au sang. Vallisnieri constate de plus que, à même dose, l'air est plus funeste à certains animaux qu'à d'autres.

Les chiens succombaient plus promptement et avec une plus petite quantité d'air que les brebis, les moutons et les béliers. Redi (2) fit sur la tortue de mer d'abord, puis sur les tortues de terre et de rivière, cette singulière observation, confirmée par Caldesi (3), puis par Morgagni lui-même (4), qu'on voit souvent chez ces animaux, au travers des parois transparentes de leurs vaisseaux, une grande quantité de bulles d'air circuler avec leur sang; remarque faite aussi par Lancisi (5) sur les hérissons (6). On savait aussi, avant Morgagni, qu'en

(1) *De l'apoplexie qui n'est ni sanguine ni séreuse,* traduction française, t. I, p. 343.

(2) Cité par Morgagni, p. 348.

(3) *Osservaz. anat, intorno alle tartarughe,* in-4°, p. 64; Firenze, 1687.

(4) *Loc. cit.*, p. 348.

(5) *De Motu cordis,* post. XV, *in schol.*, et lib. I, sect. I, cap. 2, propos. 2, digr. 1.

(6) Ces expérimentateurs croyaient que c'était un état naturel. Haller a montré qu'on ne l'observait que chez les animaux dont on avait ouvert quelques vaisseaux, et que l'air venait du dehors; mais ces observations prouvaient que l'air introduit dans les voies circulatoires n'a point sur les reptiles et les poissons les mêmes effets que chez les animaux à sang chaud.

infusant l'air lentement et en petite quantité, les animaux ne succombent pas pour la plupart du temps, mais que si l'injection est brusque, elle est presque toujours mortelle. Il était resté dans la science que c'est un moyen expéditif de se débarrasser des animaux. On lit dans vingt endroits du journal des expériences de Haller qu'il tue les animaux dont il s'est servi en leur soufflant de l'air; et, plus récemment, Chabert a donné le conseil, assez souvent suivi par les vétérinaires, d'abattre par ce moyen les chevaux morveux.

Il ne se produit pas de théories nouvelles jusqu'au commencement de ce siècle, car les expériences du médecin anglais Langrish (1) viennent seulement donner de nouvelles preuves de l'action meurtrière de l'air injecté dans les jugulaires des chiens.

Bichat dut naturellement chercher quel était, dans son trépied vital, le support qui faisait défaut, quand on tue un animal en poussant de l'air dans ses veines. Il ne s'en prit point au cœur, mais au cerveau : l'air, dit-il, est mortel en arrivant au cerveau (2). Il s'appuie sur les considérations suivantes : 1° la circulation continue encore quelque temps après l'accident ; 2° l'air, poussé au cerveau par l'une des carotides, produit la mort ; 3° la mort est accompagnée de mouvements convulsifs qui dénotent une affection de l'encéphale ; 4° le système veineux à sang rouge est plein de sang mêlé d'air ; 5° on trouve, dans Morgagni, des cas de mort subite, dans lesquels on rencontre l'air dans les vaisseaux du cerveau. Il faut remarquer que dans cette théorie, on change non-seulement le point de départ des accidents, mais on substitue encore une action en quelque sorte dynamique à l'action mécanique invoquée dans les deux siècles précédents. Toutefois Bichat ne s'explique point à ce sujet : « Qu'importe, dit-il, le comment ; le fait seul nous intéresse. » On peut objecter à l'opinion de Bichat qu'autre chose est que l'air soit poussé directement au cerveau par les carotides, ou

(1) *Physical experiments on brutes*, in-8°, p. 151, 154 ; London, 1746.

(2) *Recherches sur la vie et la mort*, in-8°, p. 209 ; Paris, 1801.

qu'introduit dans une veine, il soit attiré ou dirigé vers le cœur. Dans ce dernier cas, il y a entre la plaie de la veine et le cerveau deux rouages, le cœur et le poumon, que l'air ne traverse pas facilement, et dont il trouble ou anéantit les fonctions. Les bulles d'air sont fréquemment absentes dans les vaisseaux du cerveau, et notamment dans les cas où, au lieu de pousser violemment l'air dans les veines des animaux, on le leur fait aspirer en ouvrant une veine voisine du sommet de la poitrine; genre d'expérience dont Bichat ne pouvait s'aviser, puisque, de son temps, on n'avait pas parlé de l'entrée accidentelle de l'air dans les veines pendant les opérations chirurgicales. Les convulsions manquent souvent, elles sont surtout rares dans l'espèce humaine. L'anatomie pathologique et la symptomatologie ne confirment donc pas les vues de Bichat.

Quelques années après l'apparition du livre *sur la vie et la mort*, Nysten (1) publia un travail remarquable sur les effets des injections d'air dans les vaisseaux; il dit, contre Bichat, que l'air poussé dans la carotide cause un état apoplectique bien différent de l'état qu'occasionne l'entrée de l'air dans les veines. Cet état apoplectique ne tue les animaux qu'au bout de quelques heures. Il ne suffit pas de quelques bulles pour causer la mort, comme l'a dit Bichat. Nysten ajoute (trop subtilement, à mon avis) que si on pousse l'air trop violemment dans la carotide, il revient au cœur par les veines, et cause alors la mort par le même mécanisme que si on l'avait introduit primitivement dans les veines. Quel est donc ce mécanisme, suivant Nysten? Si l'air a été poussé avec force dans les veines et a amené subitement la mort, il tue en distendant outre mesure les cavités droites du cœur, en les empêchant de revenir sur elles-mêmes pour chasser dans les poumons le sang qu'elles contiennent. Mais, si l'air est injecté avec précaution, et en laissant quelques intervalles entre chaque injection, de manière à ne pas déterminer la distension brusque du ventricule pulmonaire, le fluide, ainsi injecté, «oc-

(1) *Recherches de physiol. et de chimie patholog.*, in-8°, p. 2; Paris, 1811.

casionne consécutivement un embarras dans le système capillaire des poumons, et une lésion de sécrétion du mucus bronchique, accidents auxquels succombe l'animal au bout d'un à trois jours. La mort commence alors par les poumons» (1).

A l'époque où le fait de Beauchêne et celui de Dupuytren révèlent que l'entrée de l'air dans les veines peut causer la mort pendant une opération chirurgicale, M. Magendie, Dupuytren, etc., reviennent à l'explication ancienne, mais non sans y introduire une autre subtilité. L'air, disent-ils, s'échauffe et se raréfie dans les cavités droites, qu'il distend outre mesure (2).

D'autres explications non moins hasardées et tout aussi peu satisfaisantes, ayant encore pour objet de démontrer comment l'air interrompt la circulation dans le cœur, ont été proposées plus récemment. Celui-ci suppose que l'air, parvenu dans les cavités droites, s'y laisse comprimer pendant la systole, se rétablit à son volume primitif pendant la diastole, et, immobile ainsi dans le cœur, y interdit l'accès au sang. Celui-là croit que l'air contenu dans l'oreillette dilatée s'enfuit, quand elle se contracte, en partie dans les veines caves, en partie dans le ventricule droit, pour revenir des veines dans l'oreillette, et du ventricule dans l'oreillette, lorsque celle-ci se dilate et que le ventricule entre en systole; on regarde alors la valvule triglochine comme insuffisante pour empêcher le passage de l'air.

Mais est-il donc bien certain que c'est par le cœur que s'enraye le mouvement circulatoire? Il y a lieu de penser le contraire. En effet: 1° la distension excessive des cavités droites du cœur par de l'air n'est pas le cas ordinaire; ces cavités contiennent plutôt du sang écumeux que de l'air pur, et elles ne sont pas démesurément dilatées, si on ne vient d'y forcer l'air avec une seringue ou mieux encore en l'y soufflant; 2° le cœur bat en-

(1) *Recherches de physiol. et de chim. patholog.*, p. 37.

(2) L'air, ne se dilatant que de 0,00366 de son volume à zéro par chaque degré du thermomètre centigrade, ne gagnerait qu'un 12e en plus de son volume primitif, en passant de la température d'une salle d'opération à la température du sang humain. Cela n'augmenterait pas sensiblement la distension des cavités du cœur.

core, et même d'une manière tumultueuse, alors que l'homme ou l'animal ont perdu le sentiment; 3° M. Barthélemy (1), ayant coupé la queue à un cheval abattu par l'insufflation de l'air dans la jugulaire, a vu les artères fournir encore un jet de sang pendant quelque temps; 4° M. Erichsen (2) va plus loin, d'après les résultats de plusieurs expériences : l'animal *étant mort*, dit-il, le cœur continue encore à battre. Je rappellerai à ce sujet que quand le cœur a cessé de battre chez les animaux soumis aux vivisections, on peut le ranimer momentanément en y soufflant une petite quantité d'air ou en soufflant sur lui (3).

On est conduit, d'après ces observations, à chercher la cause de la mort dans le poumon. Déjà nous avons vu que Nysten, qui faisait mourir par le cœur les animaux dans les veines desquels l'air était poussé brusquement et avec une certaine violence, disait que, si l'air est injecté peu à peu, mais en grande quantité, les accidents primitifs manquent, et que, au bout d'un certain temps, l'animal tousse, il expectore un liquide filant et écumeux, sa respiration devient râlante, et il meurt.

Il faut, je pense, rapporter aussi les accidents primitifs au trouble survenu dans la circulation pulmonaire. Mais quelle est la cause de ce trouble, de cet empêchement dans la circulation capillaire du poumon? Ce n'est pas un emphysème, comme l'ont écrit M. Leroy d'Étiolles (4) et M. Piedagnel (5). Dire que l'air, arrivé dans les capillaires du poumon, y subit, par la chaleur du lieu, une expansion telle qu'il crève les vaisseaux, et passe dans les interstices vésiculaires et le tissu cellulaire du poumon, c'est faire une supposition ingénieuse sans doute, mais que ne confirment pas suffisamment les ouvertures cadavériques (6). L'ac-

(1) *Gaz. méd.*, 1838, p. 61.

(2) *Arch. gén. de méd.*, 4e série, t. IV, p. 218.

(3) *Journal des expériences* de Haller (*Opera min.*, t. I, p. 149, 150).

(4) *Arch. gén. de méd.*, t. III, p. 410 et suivantes.

(5) *Journ. de physiologie*, t. IX, p. 60.

(6) M. Mercier a rappelé, à propos de cette théorie, un passage fort intéressant de Boerhaave; le voici : *Aer venæ vivi animalis impulsus, mox lethalem facit peripneumoniam, dum obstruit minima vasa pulmonum;*

tion funeste de l'air vient de ce qu'il rend le sang spumeux. Dans ce nouvel état, ce liquide traverse très-difficilement les capillaires du poumon, lesquels arrêtent aussi, comme on le sait, l'huile, le mercure, les liquides visqueux, etc. Cette explication, déjà proposée par M, Mercier (1), mais avec des accessoires peu satisfaisants et qui la font presque perdre de vue, est nettement formulée par M. Poiseuille (2) : « La seule et unique cause de la mort, dit-il, est que le sang spumeux ne traverse pas les poumons. » Elle est appuyée d'arguments nouveaux par M. Erichsen (3). Pour prouver que de même que des bulles d'air retardent le passage des liquides dans les tubes capillaires en diminuant ou détruisant, par leur réaction élastique, l'impulsion donnée à ces liquides, de même aussi elles rendraient plus difficile le passage d'un liquide au travers des capillaires des poumons, il fait l'expérience suivante : il adapte à l'artère pulmonaire d'un chien récemment tué un tube auquel s'ajuste une seringue munie d'un hémodynamomètre; il pousse un liquide dans l'artère, et voit que la force nécessaire pour le faire passer au travers des capillaires du poumon fait monter le mercure à la hauteur d'un pouce et demi ou deux pouces. Il enlève la seringue, il insuffle de l'air dans l'artère pulmonaire, il adapte de nouveau la seringue, et il constate que pour faire passer désormais le liquide au travers des capillaires des poumons, il faut une pression qui fera équilibre à 3 pouces ou 3 pouces et demi

---

*dum enim conatur per vias iter sibi parare, quas ex sua indole invenit impervias, diffringit omnia, citamque mortem infert* (*Prælectiones academicæ*, t. II, p. 208 ; Gottingæ, 1740). Je ferai remarquer, à mon tour, que si ce passage mentionne explicitement la rupture des petits vaisseaux pulmonaires par l'air, il contient aussi le germe de la théorie actuelle, qui repose sur ce que l'air, mêlé au sang, ne traverse pas ces filières vasculaires *quas ex sua indole invenit impervias.*

(1) *Gaz. méd.*, 1837, p. 481.

(2) *Gaz. méd.*, 1837, p. 671.

(3) *Edinburgh med. and surgical journal*, 1844, vol. LXI, p. 11 ; et *Arch. gén. de méd.*, 4e série, t. IV, p. 217.

de mercure. Il en conclut que pour faire passer, au travers des capillaires du poumon, du sang mêlé de bulles d'air, le cœur devra doubler à peu près l'énergie de sa contraction.

En me rangeant à l'opinion que j'expose ici, je dois cependant ajouter qu'en même temps que le sang spumeux traverse plus difficilement les capillaires du poumon, il donne aussi moins de prise au ventricule droit, qui doit le pousser dans ces capillaires, de sorte que deux causes, au lieu d'une, concourent à embarrasser, puis à interrompre la circulation pulmonaire. Ce serait aller trop loin que de nier absolument le passage du sang au travers des capillaires du poumon, puisqu'on trouve, dans certains cas, des bulles d'air dans les vaisseaux des animaux qui ont succombé à ce genre de mort, et puisque nous venons de prouver que la circulation n'est pas de suite interrompue.

Je n'ai fait jouer qu'un rôle exclusivement physique à l'air introduit dans les voies circulatoires; il est peu probable que par lui-même, ou par suite de l'altération qu'il introduirait dans la composition du sang, il exerce une sorte d'action toxique ou sidérante sur le cœur ou d'autres organes. Ce n'est pas qu'on ne l'ait suppposé. L'air n'agit pas mécaniquement, suivant Busse, médecin du roi de Prusse : « C'est, dit-il, un irritant qui détruit la force motrice du cœur » (1). M. Marchal (de Calvi) a imaginé que l'air en contact avec le sang veineux en dégageait l'acide carbonique, lequel exerçait une action toxique sur le cœur (2). On a fait observer aussi que l'air *soufflé* dans une veine causait plus promptement la mort que poussé avec une seringue. Cela est vrai ; mais cela tient à ce que l'air est poussé plus sûrement avec la bouche qu'avec une seringue, et non à ce qu'il s'est chargé de quelques centièmes d'acide carbonique dans la poitrine de celui qui le souffle. Quand les injections d'air se font lentement et à intervalles, elles finissent cependant par empêcher l'hématose ; au moins le sang reste-t-il très-noir, comme l'a

---

(1) Rust, *Magaz. für die ges. Heilkunde*, B. LII, S. 3.

(2) *Annales de la chirurgie*, t. VI, p. 296.

vu Nysten (1); mais, quand la mort a été prompte, l'action de l'air a été mécanique.

J'ai laissé de côté, dans cet article, certains faits enregistrés sous le titre d'*entrée accidentelle de l'air dans les veines*, et qui, à coup sûr, ne peuvent figurer dans la catégorie de ceux que nous avons examinés jusqu'ici ; il s'agit de morts subites causées par l'entrée de l'air dans les veines utérines. Legallois, pendant qu'il étudiait les effets de l'abstinence et des hémorrhagies sur des lapines en gestation, a vu périr subitement trois de ces animaux après la parturition. «L'air s'était, dit-il, introduit dans les veines utérines; il avait parcouru la veine cave inférieure, il distendait les cavités droites du cœur» (2). Ce genre de faits est passé, de nos jours, dans le domaine de la pathologie humaine. Les observations et les travaux originaux auxquels il donne lieu se multiplient en Angleterre (3). On a aussi recueilli quelques faits en France (4). Comment se rendre compte de ces faits? Sans doute, après la parturition, il y a de larges ouvertures veineuses à la face interne de l'utérus, et de plus ces veines sont adhérentes au tissu de l'organe (voyez p. 9 de ce vol.); mais l'action aspirante de la poitrine ne s'étend pas jusque là. Peut-elle être remplacée par l'espèce de vide qui résulte de la sortie du fœtus, des eaux de l'amnios, du placenta et des membranes? L'air ne serait-il pas *poussé* dans les veines utérines, au lieu d'être attiré par elle? Admettant que de l'air a été admis dans la cavité utérine, si le col est contracté ou obstrué, la contraction de l'organe pourra peut-être faire entrer l'air dans les veines. J'objecte cependant que, au moment de la contraction de l'utérus, les veines sont serrées et ne laisseraient pas plus passer l'air que le sang : on sait que cette contraction arrête les hémorrhagies. La

(1) *Recherches de physiol. et de chim. pathol.*, p. 40.

(2) *Journal hebdomadaire de médecine*, t. III, p. 183; 1829.

(3) Voir le mémoire de M. Cormack, communiqué à la Société médicale de Westminster, et publié dans le *London journal of medicine*, 1850, p. 928.

(4) Lionet de Corbeil, *Journ. de chirurg.*, 1845, p. 234.

contraction des parois abdominales pourrait peut-être opérer sur un utérus contenant de l'air, et dont le col serait bouché ou resserré, l'effet que ne pourrait produire la simple contraction de l'organe. Dans un cas qui fut mortel, l'air paraît avoir été *poussé* dans l'utérus, au lieu de liquide, par une seringue dont le piston ne prenait pas juste.

---

# QUATRE-VINGT-TREIZIÈME LEÇON.

## DE LA CIRCULATION.

(Suite.)

### DE LA VITESSE DE LA CIRCULATION.

MESSIEURS,

Nous traiterons sous ce titre les cinq questions suivantes:

*Quel est le nombre des battements du cœur en un temps donné?*

*Quel est, dans un temps donné, l'espace parcouru par le sang?*

*Combien faut-il de temps pour que toute la masse du sang passe au travers des cavités droites et gauches du cœur? ou, en d'autres termes, pour qu'elle parcourre en entier le cercle dans lequel elle se meut?*

*Quelles sont les différences de rapidité du cours du sang dans les diverses parties de l'appareil circulatoire?*

*Quelle est l'influence de la composition du sang sur son mouvement?*

**Quel est le nombre des battements du cœur en un temps donné?**

Nous avons ici une question incidente à résoudre : existe-t-il un rapport entre le nombre des battements du cœur et la rapidité de la circulation? Quelques personnes seront surprises qu'on pose cette question, car il est généralement admis que la vitesse du cours du sang est en rapport avec la fréquence des pulsations du cœur.

J'ai cependant entendu un de mes anciens collègues soutenir cette opinion, paradoxale en apparence, que des battements précipités n'étaient pas toujours l'indice d'un mouvement rapide de la masse du sang. Des contractions lentes, mais régulières, peuvent, disait Pelletan (1), pousser dans l'aorte et les artères des ondes longues et pour cela peut-être plus rapides que ne le feraient des chocs multipliés nécessités par les obstacles contre lesquels lutte une colonne de sang qui n'en marche pas plus vite pour être frappée plus souvent. Il y a certainement du vrai dans cette appréciation. Mais il ne faut pas nier que les pulsations du cœur et le cours du sang ne s'accélèrent, parfois en même temps, comme le montrent certaines expériences, où des substances infusées dans un point de l'appareil circulatoire se répandent plus vite dans toutes les parties de cet appareil, lorsque le pouls est rapide que quand il est lent. Du reste il n'y a rien de constant à cet égard. Dans le premier travail d'Hering (2), tantôt le cours du sang s'accélère comme le pouls, tantôt l'accélération du pouls ne rendait pas le cours du sang plus rapide. Dans le travail plus récent (3) où il a étudié d'une manière plus spéciale l'*influence de la fréquence du pouls sur la vitesse de la circulation,* je vois l'auteur enlever rapidement à un cheval 16 livres de sang, et à un autre cheval, 25 livres. Le pouls, chez ces animaux, monte rapidement de 40 à 80 et 100 pulsations; en même temps, le cours du sang devient plus rapide. Mais, chez un grand nombre de chevaux auxquels il avait rendu le pouls plus fréquent, en injectant de la teinture de colchique dans leurs veines, le sang ne se mut pas plus vite, bien que le cœur battît plus souvent. Il en fut de même chez d'autres chevaux atteints de maladies aiguës avec fièvre. Dans les expériences de Blake (4), au contraire, les effets des poisons mis dans les veines furent plus rapides quand le pouls était plus fréquent.

---

(1) Communication orale. Pelletan n'a pas introduit cette vue dans son *Traité de physique.*

(2) *Zeitschrift fur Physiologie,* B. III, S. 85, 1828; et *Journal des progrès*, t. X, p. 20.

(3) *Archiv fur physiol. Heilkunde,* B. XII, S. 112; et *Gazette hebdomadaire de méd. et de chirurg.*, t. I, p. 9.

(4) *Edinburgh med. and surgic. journ.*, vol. LIII, p. 35, et LVI, p. 412.

Les circonstances qui modifient le nombre des pulsations du cœur dans l'état physiologique sont : 1° les âges et le sexe, 2° les heures de la journée, 3° la température extérieure, 4° la densité de l'air, 5° la contraction musculaire et les exercices qui en dérivent, 6° la posture, 7° l'état de sommeil ou de veille, 8° le travail de la digestion, 9° la stature, 10° les affections de l'âme, 11° l'ingestion de certaines substances dans les voies digestives, 12° la grossesse. Il faut tenir compte aussi des variétés individuelles.

1° *Le nombre des pulsations du cœur en un temps donné* n'est pas le même aux diverses périodes de la vie. Galien a dit : *Infantis pulsus creberrimus est, rarissimus senis* (1). Cette proposition, prise trop à la lettre, a donné lieu à cette croyance, que depuis le moment où il constitue le *punctum saliens* jusqu'au terme de la vie, le cœur va modérant peu à peu et régulièrement, hors l'état de maladie, le nombre de ses battements en un temps donné. M. Magendie, d'ordinaire si sceptique, a essayé de résumer, dans le tableau ci-dessous, l'influence des âges sur le nombre des battements du cœur.

| | | | | |
|---|---|---|---|---|
| A la naissance, il est de... | 130 | à | 140 | par minute. |
| A un an, de............ | 120 | à | 130 | — |
| A deux ans, de.......... | 100 | à | 110 | — |
| A trois ans, de.......... | 90 | à | 100 | — |
| A sept ans, de.......... | 85 | à | 90 | — |
| A quatorze ans, de....... | 80 | à | 85 | — |
| A l'âge adulte, de........ | 75 | à | 80 | — |
| A la première vieillesse, de | 65 | à | 75 | — |
| A la vieillesse confirmée, de | 60 | à | 65 | — |

Il y a quelque chose à reprendre, dans ce tableau, pour les deux termes extrêmes de la vie et même pour l'âge moyen. D'une part, on y méconnaît certaines oscillations des premiers mois de la vie extra-utérine, tandis que, d'une autre part, on réduit trop le nombre des pulsations pour le vieillard. Il est singulier

(1) *De Pulsibus ad tirones libellus.*

que ce soit de nos jours seulement, qu'on ait soumis à révision l'opinion ancienne. Déjà en 1828, Billard (1), comptant les pulsations du cœur chez 39 enfants bien portants et âgés de un à dix jours, avait constaté que chez 18 d'entre eux, elles ne s'élevaient pas à 80. Peu de temps après, MM. Leuret et Mitivié (2) constataient que la moyenne des battements du pouls explorés chez un grand nombre de vieillards aliénés était beaucoup plus élevée qu'on ne l'avait dit; qu'elle dépassait la moyenne prise sur des hommes de vingt et un ans, celle-ci n'étant que de 65 pulsations par minute, tandis que les battements du cœur, chez les vieillards soumis à leur observation, et dont l'âge moyen était soixante et onze ans, s'élevaient au chiffre de 74.

L'éveil une fois donné, les observations et les recherches se sont multipliées, tant en Angleterre qu'en France, surtout pour la première période de la vie. Le résultat le plus saillant de ces recherches est que cette première période doit être divisée encore en périodes plus limitées.

Il ne paraît pas que les pulsations du cœur du fœtus aillent diminuant ou augmentant d'une manière régulière pendant la durée de la vie intra-utérine. Leur nombre reste le même, suivant M. Cazeaux (3), mais il n'est pas rare que leur rhythme se dérange ou que leur fréquence s'augmente ou diminue accidentellement. M. le professeur P. Dubois (4) a compté de 140 à 150 pulsations chez le fœtus. M. Jacquemier (5) pose pour moyenne 133 battements, avec une grande excursion entre le minimum 108 et le maximum 160.

Un changement bien remarquable survient au moment où le fœtus, expulsé de l'utérus, va être admis à la respiration aérienne; le pouls, dans la première minute, et avant que le

(1) *Traité des maladies des enfants*, in-8°, p. 68; Paris, 1828.

(2) *Mémoire sur la fréquence du pouls chez les aliénés*, in-8°, p. 40; Paris, 1832.

(3) *Traité théor. et prat. de l'art des accouchements*, p. 115.

(4) Rapport à l'Académie de médecine sur l'auscultation dans la grossesse (*Arch. gén. de méd.*, t. XXVII, p. 465; 1831).

(5) Thèses de la Faculté de médecine de Paris, 1837, n° 466, p. 19.

cordon ombilical soit coupé, tombe à 83 en moyenne (minimum, 72; maximum, 94) (1) : cette lenteur relative serait-elle occasionnée par la compression que la tête a éprouvée au passage (2)? Immédiatement après ce moment de surprise (qu'on me permette cette expression), il y a une réaction si énergique que, dès la troisième ou quatrième minute, le pouls atteint en moyenne le chiffre 160 (minimum, 140; maximum, 208). Cette accélération peut tenir sans doute à une action réflexe provenant de la stimulation que l'air exerce sur le tégument externe, mais l'établissement de la respiration doit y concourir pour une bonne part.

Prenant maintenant le nouveau-né définitivement installé dans notre atmosphère, nous constatons, d'après les tableaux dressés par un médecin anglais, M. Gorham (3), que, depuis le premier jour jusqu'au cinquième mois, le pouls devient de plus en plus fréquent, au lieu de diminuer, comme on serait porté à le croire, d'après les idées qui ont eu cours pendant si longtemps sur ce point de physiologie. Faisant donc abstraction de ce ralentissement extrême et de cette accélération excessive qui lui succède pendant les premières minutes, et que M. Gorham ne paraît point avoir observés, je dresse le tableau suivant jusqu'au cinquième mois :

| | Moyenne. |
|---|---|
| De la naissance à l'âge de vingt-quatre heures.. | 123 |
| D'un jour à une semaine........................ | 128 |
| D'une semaine à un mois...................... | 135 |
| D'un mois à cinq mois......................... | 148 |

Il faut remarquer que les *maxima* et les *minima* sur lesquels M. Gorham a établi ses moyennes sont très-distants l'un

(1) Le Diberder, travail inédit communiqué à M. Valleix (*Clinique des maladies des enfants nouveau-nés*, 1838, p. 26).

(2) Trousseau, lettre à M. Bretonneau (*Journal des connaissances médico-chirurgicales*, juillet 1841, p. 24).

(3) *London medical gazette*, t. XXI, p. 321, 1837; et *Arch. gén. de méd.*, 3e série, t. II, p. 96 et suivantes.

de l'autre, et souvent il n'y a pas moins de 60 pulsations entre les premiers et les seconds. Ces fluctuations ne sont pas moins considérables dans les résultats de M. Trousseau (1), dont je ne puis du reste comparer les chiffres avec ceux de M. Gorham, puisqu'ils se rapportent à des périodes de temps différentes de celles que nous venons de mentionner.

Depuis l'âge de cinq mois jusqu'à l'âge adulte, le pouls va diminuant de fréquence, et ici les opinions anciennes sont conformes à la vérité. Voici quelques chiffres confirmatifs de cette proposition. Je citerai d'abord, pour l'intervalle de cinq mois à dix ans, la fin du tableau, que l'on peut dresser sur les résultats de M. Gorham.

| | |
|---|---|
| Pour l'intervalle d'un mois à cinq mois, nous avions obtenu | 148 |
| — de cinq mois à deux ans | 130 |
| — de deux à quatre ans | 112 |
| — de quatre à dix ans | 107 |

M. Trousseau constate aussi que le pouls va toujours décroissant pendant les premières années de l'existence.

Pour l'intervalle de dix à vingt ans, les observations de M. Lisle (2), observations peu nombreuses à la vérité, donnent pour moyenne générale 71 pulsations, et dans la série des individus soumis aux expériences, la moyenne est d'autant plus élevée qu'ils sont moins avancés en âge; elle atteint 82 chez le n° 1, qui est le plus jeune de la série; elle descend à 66 chez le n° 8, qui est le plus âgé. M. Becquerel, qui a pris des observations pour trois périodes comprises entre deux et quinze ans, a obtenu les moyennes suivantes :

| | |
|---|---|
| De deux à neuf ans | 92 |
| De neuf à douze ans | 80 |
| De douze à quinze ans | 70 |

(1) *Journ. des conn. méd.-chir.*, juillet 1841, p. 27. Le minimum, pour l'intervalle de 2 à 6 mois, a été 100 pulsations; le maximum, 162.

(2) *Gaz. méd.*, 1837, p. 689.

La moyenne des pulsations, dans l'âge adulte, n'est que de 65, ou du moins elle ne s'élève pas à 73, comme cela est indiqué dans le tableau ci-dessus, p. 101.

Quant au degré de fréquence chez le vieillard, nous avons déjà cité le chiffre 73, d'après MM. Leuret et Mitivié. Les observations de MM. Hourmann et Dechambre (1) sur les vieilles femmes de la Salpêtrière ont confirmé les résultats obtenus sur les vieillards de Bicêtre. La moyenne, chez les vieilles femmes, est même plus élevée que la moyenne fournie par le pouls des vieillards.

Il est fort douteux que cette fréquence du pouls, à une période avancée de la vie, soit, dans tous les cas, le résultat d'une maladie du cœur; au reste, on observe chez certains vieillards une lenteur remarquable du pouls.

M. Ed. Charlton (2) a donné, pour le pouls des vieillards, une moyenne plus élevée encore que celle qui a été formulée par MM. Leuret et Mitivié. Cette moyenne, pour tout le temps de la vieillesse, serait de 77 battements; mais le chiffre irait diminuant progressivement de 50 à 90 ans : ainsi, de 50 à 60 ans, la moyenne serait de 78 ½; de 60 à 70, elle serait 78; de 70 à 80 ans, elle serait 75; et enfin, de 80 à 90 ans, elle descendrait à 73 ½.

Le pouls est plus fréquent chez la femme que chez l'homme; les expériences précitées démontrent le fait pour toutes les époques de la vie. Cette influence toutefois serait nulle pour les deux premiers mois, d'après M. Trousseau. Le pouls de la femme adulte surpasse le pouls de l'homme adulte de 10 à 14 pulsations par minute (3). Il n'est pas vraisemblable que cette différence tienne uniquement à ce que la stature de la femme est moins élevée que celle de l'homme : *Sexui feminino natura irritabilis pulsum facit frequentiorem, quem ad 80 sagax dudum Keplerus estimavit* (4).

(1) *Arch. gén. de méd.*, 2e série, t. IX, p. 357 ; 1835.

(2) Thèses de la Faculté de médecine de Paris, 1845, n° 71, p. 16.

(3) *Journal des connaissances médico-chirurgicales*, juillet 1811, p. 28.

(4) Haller, *Elementa physiologiæ*, t. II, p. 262.

2° *Heures de la journée.* On devait croire que l'action tempérante du sommeil et du repos rendait le pouls moins fréquent le matin, et que l'excitation produite par l'état de veille augmentait progressivement, du matin au soir, le nombre des pulsations : aussi était-il généralement reçu, jusqu'à ces derniers temps, que les choses se passent ainsi, et M. Knox (1) trouva-t-il beaucoup d'incrédules, quand il annonça que le pouls allait, au contraire, se ralentissant du matin au soir, et que l'accélération observée le matin était indépendante de toute stimulation nouvelle ; de sorte qu'elle tient bien, suivant lui, à une révolution diurne. Sur 25 jeunes gens bien portants, un seul excepté, la moyenne a été, au matin, de 72,4, pendant qu'ils étaient assis, et de 75, 4, pendant qu'ils étaient debout. Ces chiffres dépassent la moyenne générale pour cette époque de la vie. Il n'y a pourtant pas unanimité d'opinions, sur ce sujet, parmi les observateurs modernes ; M. Rochoux (2) et M. Lisle (3) disent que le pouls s'accélère du matin au soir. La vérité est entre ces opinions extrêmes. Les observations de M. Tournesko (4) l'ont conduit aux conclusions suivantes : Le pouls est rare le matin au moment du réveil ; il s'accélère ensuite sensiblement, et d'une manière graduelle, jusqu'à midi ; il reste stationnaire depuis midi jusqu'à trois heures environ ; puis sa fréquence diminue jusqu'à neuf heures du soir. Mais le nombre des pulsations dont il diminue après trois heures du soir n'est pas le même que celui dont il monte jusqu'à midi : ce nombre est de cinq en moyenne, dans le second cas ; il n'est que de trois, dans le premier.

Ces différences ne sont pas aussi considérables que celles que le Dr Harden (5) avait constatées sur lui-même en 1839. La

---

(1) *Observations physiologiques sur les battements du cœur et sur sa révolution et son excitabilité diurne* (*Edinburgh med. and surgical journal*, t. XLVII, p. 358 ; et *Gaz. méd.*, 1837, p. 391).

(2) Dictionnaire en 30 vol., art. *Pouls.*

(3) *Gaz. méd.*, 1837, p. 689.

(4) Thèses de la Faculté de médecine de Paris, 1853, n° 99, p. 26.

(5) *The American journal of the med. science*, t. V, new series, p. 340 ; 1843.

moyenne a été : pour sept heures du matin, de 64 pulsations et de 13 respirations; pour trois heures après midi, de 79 pulsations et de 15 respirations, et, pour onze heures du soir, de 62 pulsations et de 13 respirations et demie.

Le ralentissement du pouls à la fin de la journée est donc une chose bien constatée.

3° *Température.* L'élévation de la température extérieure accélère le pouls; le froid produit un effet opposé. La moyenne du pouls est plus élevée dans les régions équatoriales et dans les saisons chaudes que dans les pays froids et les mois d'hiver. Des expériences faites en Irlande ont montré que tel individu, qui avait 70 pulsations au mois de septembre, n'en avait plus que 65 pendant le mois d'octobre, et 60 seulement pendant les mois de novembre et de décembre (1). Ces faits montrent bien l'influence de la température. Bryan-Robinson (2) avait donc avancé une proposition soutenable à certains égards, lorsqu'il avait dit, en 1752, que *le pouls suivait les variations du thermomètre.* Mais je ne puis croire, avec Blumenbach (3), que le pouls des habitants du Groenland ne batte que de 30 à 40 fois par minute.

4° *Variations barométriques.* Bryan-Robinson a aussi mis les variations physiologiques du pouls en regard des variations barométriques. Le pouls devient plus fréquent, en même temps que la respiration, chez celui qui respire l'air raréfié des hautes régions de l'atmosphère; il se ralentit dans le cas contraire. Les pulsations du cœur deviennent moins nombreuses chez les personnes introduites sous la cloche à condenser l'air, de MM. Tabarié et Milliet (4).

---

(1) Rye, *Medicina statica britannica,* in-8°, p. 270; Dublin, 1734.

(2) *A treatise on the animal œconomy,* in-8°; Dublin, 1732.

(3) *Institutiones physiologiæ,* p. 84.

(4) Becquerel, *Traité élémentaire d'hygiène,* p. 151; Diday, *Gazette hebdomadaire de médec. et de chirurg.,* t. 1, p. 153. Suivant M. Payerne, les pulsations artérielles sont *notablement accélérées* chez les personnes qui travaillent dans les bateaux sous-marins, à 30 mètres au-dessous du niveau de l'eau. Si l'auteur n'a pas commis une erreur, il faut attribuer cette accélération au travail et non à l'air comprimé (*Arch. gén. de méd.,* 5e série, t. XXVII, p. 106).

5° *Contractions musculaires.* De toutes les causes qui, hors l'état de maladie, peuvent accélérer les battements du cœur, la *contraction musculaire* est de beaucoup la plus influente; c'est par l'intermédiaire de la contraction musculaire que la marche, la course, la danse, la natation, les cris, l'effort, accélèrent les mouvements du cœur. Nous dirons ailleurs que l'état de la respiration, pendant ces exercices, réagit aussi sur le cœur. Le pouls s'accélère de 6 pulsations au moins, si on marche sur un plan horizontal à raison de soixante pas par minute (1). L'accélération peut être de 12 pulsations, si on marche plus vite; elle peut s'élever à 24, si on prolonge cet exercice au delà d'une demi-heure. Chez un homme qui avait fait 22 milles seulement pendant sa journée, le pouls s'élevait le soir à 119 pulsations (2).

Dès le siècle dernier, Bryan-Robinson (3) et Floyer (4) avaient démontré, par des expériences soignées, l'influence de l'exercice sur le nombre des battements du cœur.

La marche sur un plan ascendant cause une accélération plus prompte et plus grande que la marche sur un plan horizontal; l'influence accélératrice est plus grande encore pendant la danse, la natation, la course.

Les rapports entre l'action du cœur et la contraction musculaire ont été l'objet d'un des travaux les plus originaux qui aient été publiés dans ces vingt dernières années (5); j'exposerai plus loin ce que l'auteur entend par l'expression, un peu ambitieuse peut-être, de «fonction musculo-cardiaque» (*the musculo-cardiac function*).

6° *Posture.* C'est à la contraction musculaire qu'il faut rapporter sans doute les effets de la *posture* sur le pouls, cepen-

---

(1) Nick, *Beobacht. uber die Bedingung. des Pulses,* in-8°; Tubing., 1826.

(2) Knox, *Edinb. med. journ.*, vol. XLVII, p. 358; *Gaz. méd.*, 1837, p. 392.

(3) *Essay on the animal œconomy*, p. 150.

(4) *The physician's pulse watch*, in-8°, p. 86; London, 1707.

(5) James Wardrop, *On the nature and treatment of the diseases of the heart, with some new views on the physiology of the circulation*; London, 1837.

dant il m'a paru convenable de leur consacrer un article à part. Le Dr Graves (1), dont le mémoire publié en 1830 attira l'attention des médecins et des physiologistes, avait pourtant été précédé dans ce genre de recherches par M. Knox (2), dont le premier travail date de 1815. Le nombre des pulsations s'accroît de 5 à 15 dans la position verticale. Cet accroissement a lieu encore, dit Graves, alors même qu'on soutient le sujet de l'expérience dans la position redressée, de manière à lui épargner les contractions musculaires. Mais il me semble bien difficile qu'on reste complétement passif, quand on est mis dans la position verticale. Lorsqu'il y a fièvre, la station droite accélère le pouls de 20 à 30 pulsations par minute; la position horizontale doit donc être conseillée aux individus atteints d'une affection fébrile. L'effet de la station verticale est plus marqué chez les gens faibles que chez les individus dont les forces ne sont pas diminuées.

Je répète que ce sont les contractions musculaires, et non la posture par elle-même, qui font ces différences; je rejette en conséquence la théorie de Blackley (3) : « Le cœur, dit-il, proportionne ses battements aux obstacles. Si, dans une situation donnée, le cœur doit mettre en mouvement 60 onces de sang par minute, il augmentera ou diminuera ses battements, suivant qu'il existera plus ou moins d'obstacles à la circulation; or les obstacles sont plus grands dans la position verticale que dans la position horizontale. » Ceci expliquerait, suivant lui, pourquoi la position verticale est sans influence sur le nombre des pulsations chez les individus atteints d'hypertrophie du cœur (remarque faite par Graves), et pourquoi le nombre des battements de cet organe n'augmente pas quand on se tient la tête basse.

Quelque explication qu'on adopte, l'influence de la posture est du moins constatée. L'accélération est plus grande, si on se tient debout que si on reste assis. Il résulte d'un travail très-développé, de M. Guy (4), que, chez un homme d'âge moyen et en

(1) *Dublin hospital reports*, vol. V, p. 561; 1830.

(2) *Edinburgh med. and surgic. journ.*, vol. XI, p. 57, 164.

(3) *Dublin journ. of med. science*, vol. V, p. 332.

(4) *Guy's hospital reports*, vol. III, p. 92, 308.

bonne santé, la moyenne des pulsations est de 67, s'il est couché et en repos; de 70, s'il se tient assis, et de 79, s'il reste debout. La circulation des enfants n'échappe pas à l'influence que nous examinons (1), mais elle ne l'éprouve pas au même degré que la circulation des adultes (2).

M. Knox (3) a résumé, dans le petit tableau ci-dessous, dressé d'après des observations prises sur une personne à vie très-régulière, les effets de la posture et de la révolution diurne.

| | Couché. | Assis. | Debout. |
|---|---|---|---|
| Matin... | 62 | 78 | 90 |
| Soir.... | 56 | 67 | 77 |

7° *Sommeil.* L'absence des causes qui, pendant l'état de veille, produisent l'accélération du pouls, amène son ralentissement pendant le *sommeil;* mais on peut se demander s'il n'y a pas, dans l'état physiologique qui constitue le sommeil, une influence spéciale sur le mouvement du cœur. Quelques-uns, se rappelant peut-être ce mot d'Hippocrate : *interiora in somno calidiora esse*, ont pensé qu'à ce moment, où les rouages de la vie animale se reposent plus ou moins complétement, les fonctions organiques (les mouvements du cœur en particulier) augmentaient de fréquence ou de force (4) ; mais l'opinion contraire, successivement professée par Galien (5), puis par Gorter (6), Haller (7), Hamberger (8), a prévalu. Elle est fondée sur de nombreuses observations. Suivant Hamberger, l'homme sain a dix pulsations de moins pendant le sommeil que pendant la veille. La diminution du pouls a été observée aussi pendant le sommeil des enfants (9).

(1) Gorham, *London med. gazette,* vol. XXI, p. 321.

(2) Trousseau, *Journal des conn. médico-chirurg.,* juillet 1841, p. 23.

(3) *Edinburgh med. and surgic. journal,* vol. XLVII, p. 363.

(4) Sanctorius, Morgagni, Senac lui-même, cités par Haller (*Elementa physiologiæ,* t. V, p. 596).

(5) *De Causis pulsuum,* lib. III, cap. 9.

(6) *Exercit.* 2 *de somno et vigil. tot. de perspir.,* n°s 354, 355, 356.

(7) *Elementa physiologiæ,* t. V, p. 598.

(8) Haller, t. II, p. 263 et 264.

(9) Trousseau, *loc. cit.,* p. 27.

8° *Digestion.* Le pouls augmente de fréquence, et souvent il devient plus dur, pendant la digestion. Cette accélération constitue ce que Van Swieten appelait *febris a prandio.* Elle cesse vers la cinquième heure après l'ingestion des aliments; elle commence immédiatement après le repas, si les aliments sont chauds, et seulement une demi-heure plus tard, s'ils sont froids (1). Les boissons alcooliques, le café, le thé, l'augmentent sensiblement; le pouls peut battre alors de 16 à 20 fois de plus par minute, comme l'a observé Floyer (2), qui a fait des études très-suivies sur les circonstances qui modifient la fréquence du pouls. Le médecin ne doit point ignorer que l'accélération du pouls pendant le travail de la digestion est très-grande chez les convalescents, surtout avant le rétablissement de leurs forces; Haller (3) l'a constaté sur lui-même.

9° *Stature.* Le pouls est plus lent, toutes choses égales d'ailleurs, et pour une même espèce animale, chez les individus d'une grande *stature;* je dis pour une même espèce, parce que l'anatomie comparée ne permet pas de généraliser la proposition. Senac (4) a résumé dans le tableau suivant l'influence de la stature; il avait compté :

| | |
|---|---|
| Chez un nain de deux pieds de haut, | 90 pulsations. |
| Chez les hommes de quatre pieds, | 80 |
| Chez les hommes de cinq pieds, | 70 |
| Chez les hommes de six pieds, | 60 |

L'examen des cent Suisses attachés à la personne du Roi lui avait démontré de nouveau que le pouls est plus rare chez les hommes de haute stature que chez les individus d'une taille moyenne. Il y a pourtant un peu d'exagération dans les chiffres de Senac.

(1) Nick, *Beobachtungen uber die Bedingungen unter denen die Haufigkeit Pulses im gesunden Zustand verandert wird,* in-8°; Tubing., 1826 (Extrait dans *Arch. gén. de méd.*, t. XXVI, p. 112).

(2) *The physician's pulse watch,* in-8°; London, 1707-10.

(3) *Elementa physiologiæ,* t. II, p. 264.

(4) *Traité du cœur,* t. II, p. 214.

Haller, qui avait six pieds de haut, il nous le dit lui-même (1), comptait beaucoup plus de 60 pulsations à la minute; plusieurs de ses amis étaient dans le même cas (2).

D'après des recherches multipliées sur les relations qui existent entre la taille de l'homme et le nombre des pulsations du cœur, MM. Sarrus et Rameaux (3) ont présenté à l'Institut une formule algébrique de ces relations; la voici : $n' = n \sqrt{\frac{d}{d'}}$, $d$ et $d'$ représentent deux tailles différentes, et $n$ et $n'$, des pulsations qui y correspondent.

Cette formule est encore applicable, suivant ces auteurs, aux changements que l'âge apporte dans le pouls. Cette deuxième proposition ne peut être acceptée, d'après ce que nous savons. Voyez ce qui précède.

10° *Affections de l'âme.* Il n'est personne qui ne sache que les *affections de l'âme* influent sur la fréquence et les autres caractères du pouls. La colère, dit Floyer (4), peut porter à 108 le nombre des battements du cœur. Déjà Galien avait écrit : *Iræ altus est pulsus, magnus, vehemens, celer et creber;* et plus loin : *Tristitiæ parvus, languidus, tardus et rarus est.*

11° *Médicaments.* Certaines substances ont la propriété de diminuer sensiblement le nombre des pulsations du cœur. Je vois, dans la relation d'un fait recueilli par M. Joret (5) à la clinique de M. le professeur Andral, que la poudre de digitale a fait tomber de 90 à 37 par minute les systoles du cœur; mais l'effet de la digitale manque souvent. La digitaline diminue aussi le nombre des battements du cœur. Cette diminution n'est pas brusque, mais progressive; elle se continue quelque temps après qu'on a cessé d'employer cet agent. Elle ne va pas, comme on l'a dit, jusqu'à la moitié du nombre des pulsations comptées avant l'administration du remède. Les maxima d'abaissement obtenus

---

(1) *Elementa physiologiæ*, t. II, p. 262.

(2) Les Suisses ont en général une taille élevée, et, parmi les Suisses, les habitants de Berne se distinguent par leur stature.

(3) *Comptes rendus des séances de l'Acad. des sciences*, t. IX, p. 275.

(4) *The physician's pulse watch*, p. 91.

(5) *Arch. gén. de méd.*, 2e série, t. IV, p. 17.

dans les dernières observations de M. Andral (1) ont été de 16 sur 96, de 18 sur 76, de 25 sur 76, de 40 sur 104. On a cité un cas de ralentissement extraordinaire de la circulation, par suite de l'administration du quinquina (2). Suivant M. Lombard, de Genève, l'aconit ralentit remarquablement et régularise les battements du cœur de la grenouille (3). Le polygala senega jouit aussi de cette propriété.

12° *Grossesse.* Le pouls des femmes enceintes est plus fréquent et plus fort (4). Quelques observateurs mentionnent seulement sa plénitude pendant la gestation (5).

*Variétés individuelles.* On cite un assez grand nombre d'exemples de rareté du pouls. On a vu le pouls abaissé à 48 pulsations (6), à 40 et 44 (7), à 40 (8), à 38 (9), à 36 (10), à 35 (11), à 32 (12), à 29 (13), à 28 (14), à 25 (15), à 23 (16). Les exemples de fréquence augmentée, sans état pathologique ou causes appréciables, sont beaucoup plus rares.

13° J'emprunte à M. Dubois (d'Amiens) et à Burdach quelques chiffres indiquant les différences de fréquence du pouls dans diverses espèces animales.

---

(1) Lemaistre, *Résumé de quelques expériences sur la digitaline* (*Moniteur des hôpitaux*, 1853, p. 749).

(2) *Gaz. méd.*, 1840, p. 267.

(3) *Gaz. méd.*, 1835, p. 619.

(4) Jacquemier, *Manuel des accouchements*, t. 1, p. 209.

(5) Cazeaux, *Traité théor. et prat. de l'art des accouchements*, p. 237.

(6) Thèse de M. Tournesko, Paris, 1853; n° 99, p. 32.

(7) Bouillaud, *Traité des maladies du cœur*, t. 1, p. 166.

(8) Corvisart; c'était le pouls de Napoléon.

(9) Vieillards (thèse de M. Charlton, Paris, 1845; n° 71, p. 16).

(10) Sur une femme âgée de quatre-vingts ans (*Bull. de la Faculté de médecine*, t. V, p. 149).

(11) Stokes, *Dublin quarterly journ. of med. sc.*, 1846, vol. II, p. 78; et *Gaz. méd.*, 1847, p. 322.

(12) Thèse de M. Tournesko; Paris, 1853, p. 31.

(13) Richard, sur un homme de quatre-vingt-huit ans.

(14) Stokes, *loc. cit.*, p. 73.

(15) Rostan, *Médecine clinique*, t. 1, p. 132.

(16) Henkel, in *Elementa physiologiæ* de Haller, t. II, p. 256.

| | Pulsations. | | Pulsations. | | Pulsations. |
|---|---|---|---|---|---|
| Requin. . . . | 7 | Ane. . . . . . | 50 | Singe. . . . . | 90 |
| Moules. . . . . | 15 | Écrevisse. . . | 50 | Chat. . . . . . | 110 |
| Carpes. . . . . | 20 | Papillon. . . . | 60 | Lapin. . . . . | 120 |
| Anguilles. . . | 24 | Chèvre. . . . | 74 | Pigeon. . . . . | 136 |
| Limaçon. . . . | 34 | Brebis. . . . . | 75 | Cochon. . . . | 140 |
| Cheval. . . . . | 36 | Chien. . . . . | 75 | Mascordin. . . | 175 |
| Chenilles. . . | 36 | Grenouille. . . | 77 | Héron. . . . . | 220 |
| Bœuf. . . . . | 38 | Marmotte. . . | 90 | | |
| Lion. . . . . . | 40 | Sauterelle. . . | 90 | | |

Il serait difficile de faire sortir quelque loi de l'examen de ce tableau. On voit toutefois qu'en général le pouls est plus lent dans les animaux à sang froid que dans les animaux à sang chaud; que parmi ces derniers, il est généralement plus vif dans les oiseaux que dans les mammifères, et que ceux-ci enfin ont d'autant moins de pulsations qu'ils sont plus gros. Mais, encore une fois, il y a des exceptions, et on peut les voir écrites sur le tableau.

## Quel est, dans un temps donné, l'espace parcouru par le sang?

Ce problème a beaucoup occupé les iatro-mathématiciens, et il a été traité par les mêmes hommes qui ont cherché à déterminer la force du cœur (voy. t. III, p. 653). A certains égards, en effet, il y a connexité entre les deux questions. Les éléments sur lesquels on a basé les calculs sont si variables et même si incertains, qu'on ne peut accorder confiance à aucun des résultats obtenus.

Faisons remarquer d'abord que le jet du sang qui sort d'une artère ouverte, sur un animal vivant, ne peut donner la mesure de l'espace que parcourrait le sang dans un vaisseau, pendant le même espace de temps; dans le vaisseau, la vitesse ne peut être aussi grande, ni l'espace parcouru aussi considérable, parce que le sang doit pousser devant lui une masse du même liquide, parce qu'il frotte, et trouve, en un mot, diverses résistances dont nous ferons bientôt la part.

Disons encore que le sang artériel parcourt un espace plus grand pendant la systole des ventricules que pendant leur diastole; que la vitesse du sang n'est pas la même dans les gros troncs et dans les petites divisions, dans les artères et dans les veines, dans le sang qui suit l'axe du vaisseau et vers la périphérie de la colonne liquide, etc.

Je donnerai quelques chiffres, malgré ce que j'ai dit de l'impossibilité d'obtenir un résultat précis. Haller (1), faisant entrer dans le calcul de Keil et dans le calcul de Hales la correction rendue nécessaire par la différence de vélocité du sang pendant la systole et pendant la diastole du cœur, et considérant que la première n'absorbe qu'un tiers du temps affecté à la pulsation tout entière, c'est-à-dire à l'intervalle qui s'écoule entre le commencement de la pulsation et la pulsation suivante, trouve que le sang, au moment où il sort du cœur, se meut avec une vitesse de 52 pieds par minute, si on prend le calcul de Keil, et de 50 pieds, si l'on prend le calcul de Hales. Cela donnerait, pour une seule pulsation, en admettant qu'il y en a 75 par minute, 8 pouces de parcours, d'après le calcul de Keil, et un peu moins, d'après le calcul de Hales. Je répète qu'il s'agit ici de la vitesse moyenne pendant la systole et la diastole, et non de la vitesse pendant la systole seulement, laquelle vitesse serait beaucoup plus grande. Morgan (2) ne s'est pas beaucoup éloigné des résultats de Hales; son chiffre, en lui faisant subir la correction relative à la différence de durée entre la systole et la diastole, serait de 55 pieds par minute. Mais d'autres ont singulièrement réduit cette vitesse; tels sont Lecat, Boissier de Sauvages, etc. (3).

De nos jours, on a repris ce problème, malgré les difficultés qu'il offre. M. Guettet (4) s'est occupé de déterminer le chiffre de la vitesse absolue du sang dans les artères et de la vitesse

(1) *Elementa physiologiæ*, t. II, p. 165.

(2) *Philosophical principles of medic.*, p. 122.

(3) Haller, *loc. cit.*, p. 165.

(4) *Comptes rendus des séances de l'Académie des sciences*, t. XXII, p. 126.

pendant la systole; il estime la vitesse artérielle, terme moyen entre la systole et la diastole, et terme moyen entre les gros troncs et les capillaires, à 0m,50 par seconde. Si la systole durait toute une seconde, avec la vitesse qui lui est propre, elle ferait parcourir au sang un trajet de 70 centimètres environ dans les voies artérielles, en prenant toujours pour moyenne la vitesse entre les gros troncs et les capillaires. Ces chiffres de la vitesse surpassent ceux que nous a légués l'école iatromathématique. Je vais faire connaître maintenant les résultats curieux d'un autre ordre d'expériences.

Ces expériences, imaginées par M. Hering, professeur à l'École vétérinaire à Stuttgard (1), consistent à introduire dans le torrent de la circulation une substance innocente et facile à retrouver, puis à tirer du sang sur d'autres points du corps et à intervalles déterminés, à analyser ces différents échantillons, et à comparer le temps qu'il a fallu à la substance étrangère pour arriver d'un vaisseau à l'autre, avec l'étendue du chemin parcouru, telle que l'anatomie nous la démontre. La substance employée était une dissolution de cyanure ferruré de potassium. On l'introduisait à la température de 30 degrés dans la veine jugulaire, à l'aide d'un simple entonnoir muni d'un robinet qu'on ouvrait, en même temps qu'on notait l'heure ou plutôt le commencement de la minute avec une montre à secondes, et on cherchait la substance, à l'aide du sulfate de fer, dans le sérum des échantillons de sang tiré à divers intervalles. On avait laissé le sérum de chacun de ces échantillons se clarifier pendant deux jours; en versant alors quelques gouttes de ce sérum sur un papier blanc et ajoutant quelques gouttes de dissolution de sulfate de fer, et par-dessus enfin une goutte d'acide chlorhydrique, la teinte bleue paraissait à l'instant.

Voici les résultats de ces intéressantes expériences, qui ont été faites sur des chevaux :

---

(1) Expériences ayant pour but de déterminer la vitesse de la circulation (*Zeitschrift fur Physiologie*, B. III, S. 85; et *Journal des progrès des sciences*, etc., t. X, p. 20).

Pour arriver d'une veine jugulaire dans l'autre par le long trajet que j'indiquerai plus loin, le prussiate de potasse a mis tantôt de 25 à 30 secondes, tantôt de 20 à 25 secondes.

Pour arriver de la veine jugulaire dans la veine thoracique externe du côté opposé, il lui fallut de 23 à 30 secondes.

Il est arrivé en 20 secondes de la jugulaire à la grande veine saphène. Pour parvenir de la jugulaire dans l'artère maxillaire du côté opposé, il lui fallut une fois de 20 à 25 secondes; une autre fois, de 10 à 15 secondes. Enfin, pour passer de la jugulaire à l'artère métatarsienne du pied de derrière, il lui a fallu une fois entre 25 et 30 secondes, et une troisième fois plus de 40 secondes.

Remarquez, Messieurs, que, dans toutes ces expériences, la route suivie par le prussiate de potasse a été longue et tortueuse. Infusé dans la jugulaire, il parvient par la veine cave supérieure dans les cavités droites du cœur; il traverse l'oreillette droite, le ventricule droit, l'artère pulmonaire, les capillaires du poumon, l'oreillette gauche, le ventricule gauche, qui l'introduit dans l'aorte : de là la portion qui va revenir dans l'autre jugulaire parcourt les carotides, les capillaires du cerveau et des autres vaisseaux de la tête, pour rentrer dans les jugulaires. La route a été bien plus longue encore, si on a pris le sang des veines du train postérieur, puisque toute l'étendue de l'aorte, des artères iliaque, crurale, pédieuse, les capillaires du membre postérieur, la première partie de leurs veines, ont été parcourues par des portions de la dissolution de prussiate de potasse. Or tous les vaisseaux d'un grand animal, comme le cheval, mis bout à bout, formeraient une ligne d'une grande étendue, que la dissolution saline a parcourue en moins d'une demiminute. Cette dissolution étant mélangée au sang et transportée avec lui, sa vitesse nous donne celle du sang, à moins qu'elle ne se propage dans ce liquide par une force particulière de diffusion, dont les effets seraient plus rapides que ceux produits par l'impulsion du cœur; mais rien ne prouve que deux liquides miscibles l'un à l'autre se pénètrent avec cette extrême rapidité. Ce qui d'ailleurs me fait penser que le prussiate de potasse est tout simplement transporté, comme le sang et avec le sang, par le mouvement circulatoire, c'est qu'on le trouve plus tôt dans les artères d'une partie que dans les veines de la même partie; il n'a fallu que 10 à 15 secondes pour qu'il arrivât dans l'artère maxillaire externe, tandis qu'il a mis de 20, 25 à 30 secondes pour revenir à la jugulaire. La simple diffusion dans le sang veineux, si elle s'opérait, devrait l'étendre de suite dans toutes les colonnes veineuses qui sont continues entre elles; mais la chose ne paraît pas avoir lieu, et ce n'est qu'après avoir traversé les capillaires suivant les lois de la circulation qu'il pénètre dans les veines. Faisons remarquer encore que cette diffusion de la dissolution dans les veines devrait s'y opérer à contresens du courant. Je rejette donc sans hésiter l'objection que l'on voudrait tirer de la rapidité avec laquelle deux solutions se pénètrent. Sans doute cette rapidité est grande, M. Matteucci (1) nous l'a appris; mais le sang va plus vite encore.

Si, du reste, on suppute la longueur d'un tube résultant de la juxtaposition, bout à bout, des vaisseaux parcourus en 25 ou 30 secondes par le prussiate de potasse, dans chacune des expériences précitées, on n'aura pas une vitesse supérieure ni même égale à celle indiquée par Keil ou par Hales (voyez plus haut). Il est vrai de dire que l'on obtient, dans les expériences de Hering, la vitesse moyenne du sang dans tout le parcours circulatoire : cavités du cœur, artères, veines, capillaires généraux et capillaires pulmonaires; tandis que Hales et Keil nous donnent la vitesse du sang sortant du cœur. Hering, dans son dernier travail (2), a fait connaître le temps que met le sang à traverser les capillaires dans les membres du cheval. Son expérience est très-ingénieuse. Le prussiate de potasse étant introduit comme il a été dit dans les jugulaires, Hering retire, de 5 en 5 secondes, du sang de l'artère du métatarse et de la veine correspondante du membre opposé (3). Or le sel passait 5 secondes plus

---

(1) *Leçons sur les phénomènes physiques des corps vivants*, p. 326.
(2) *Archiv für physiologische Heilkunde*, B. XII, p. 121.
(3) *Loc. cit.*, p. 122.

tôt dans l'artère que dans la veine : il avait donc mis 5 secondes à traverser le réseau capillaire, et un bout d'artère et de veine. Comme contre-épreuve, on répéta l'expérience quelques semaines plus tard, sur le même animal, en ouvrant la veine du membre droit dont on avait précédemment ouvert l'artère et réciproquement : le résultat fut le même. Huttenheim (1), d'après des expériences entreprises sous la direction de Volkmann, a évalué le cours du sang à $273^{mm}$ par seconde dans la carotide gauche du chien, à $446^{mm}$ dans la carotide d'un cheval, à $680^{mm}$ dans la carotide d'un autre cheval, à $318^{mm}$ dans la carotide d'une chèvre.

Le mouvement circulatoire serait plus rapide encore que ne le font supposer les faits dont il vient d'être question, si nous en croyons les expériences du Dr Blake (2). J'ai cité, tome II, p. 662, quelques-unes des conclusions de ces expériences; il me reste à faire connaître en quoi elles consistent.

Pour juger de la rapidité du transport des substances introduites dans les vaisseaux, et par conséquent de la rapidité du cours du sang, Blake examine combien de temps est nécessaire pour qu'un poison transfusé dans la veine jugulaire d'un animal produise les phénomènes de l'intoxication. Soit, par exemple, une substance ayant la propriété de paralyser l'action du cœur; si cette substance est introduite dans la jugulaire, elle ne pourra commencer à agir sur l'irritabilité du cœur que quand les artères coronaires l'auront mise en contact, molécule à molécule, avec les fibres charnues de cet organe : la simple introduction du poison dans les cavités auriculaires et ventriculaires ne pouvant produire ce résultat aussi promptement. Pour déterminer avec précision le moment où le cœur est paralysé, M. Blake adaptait l'hémodynamomètre à la carotide; la chute du mercure annonçait la cessation de l'impulsion ventriculaire. Or, pendant le temps qui s'était écoulé entre l'introduction du poison dans la jugulaire et son arrivée dans les capillaires de l'artère coro-

(1) *Observationes de sanguinis circulatione*, in-4°; Halis, 1846.

(2) *Edinb. med. and surg. journal*, t. LIII, p. 35, et t. LVI, p. 412.

naire, ce poison avait parcouru la veine cave antérieure, les cavités droites du cœur, l'artère pulmonaire, les capillaires du poumon, les veines pulmonaires, les cavités gauches du cœur, et enfin les artères coronaires.

Voici le temps qu'il a fallu pour ce parcours :

Chez le cheval......... 16 secondes.
Chez le chien.......... 11 ou 12 secondes.
Chez les volailles....... 6 secondes et demie (1).
Chez les lapins......... 4 secondes et demie.

Sans prétendre à une précision mathématique, on peut obtenir à chaque instant du jour, sur soi-même, une démonstration, grossière à la vérité, de la rapidité du cours du sang, par l'expérience suivante. La main et le bras étant tenus horizontalement ou à peu près horizontalement, refoulez de haut en bas, avec le doigt, le sang qui remplit l'une des veines dorsales de la main; laissez le doigt appliqué sur la veine, de manière qu'elle reste vide; soulevez alors le doigt : le sang s'élancera dans la partie qui était demeurée vide, avec tant de vélocité que l'œil ne pourra suivre son mouvement.

**Combien faut-il de temps pour que toute la masse du sang passe deux fois au travers du cœur, ou, en d'autres termes, pour qu'elle parcourre en entier le cercle dans lequel elle se meut ?**

Cette question a des rapports très-prochains avec celle que nous venons de traiter; cependant je lui accorde, pour plus de clarté, une mention spéciale. On a essayé de la résoudre par le calcul, et on a pris pour éléments : 1° la quantité de sang ex-

(1) C'est la première fois, je pense, que l'hémodynamomètre aura été appliqué aux oiseaux, et qu'on aura mesuré chez eux la pression excentrique que le sang exerce sur les parois artérielles; cette pression était égale à une colonne de mercure de 4 à 5 pouces de hauteur. Dans l'oie, la pression était un peu plus forte (6 pouces), et il fallut 10 secondes pour que le poison atteignît les capillaires de l'artère coronaire.

pulsée par le ventricule gauche à chaque contraction du cœur, 2° le nombre des pulsations par minute, et 3° la quantité totale du sang. Or aucun de ces éléments n'est nettement fixé, et le résultat variera beaucoup, suivant la valeur qu'on donnera à chacun d'eux.

Prenons les extrêmes, comme l'a fait Burdach (1); nous obtiendrons une moyenne. Si, avec Wrisberg, nous admettons que la masse totale du sang est de 30 livres, et avec Senac, qu'il n'en passe qu'une once dans l'aorte par chaque contraction du ventricule gauche, il faudra 480 pulsations pour que tout le sang passe au travers de ce ventricule, et cela s'accomplira en 16 minutes 24 secondes (2).

Si, au contraire, nous réduisons, avec Herbst, la quantité totale du sang à 10 livres, et si, avec Prochaska, nous portons à 2 onces l'ondée sanguine lancée par le ventricule gauche dans l'aorte, il ne faudra que 80 pulsations, ou 1 minute 4 secondes, pour une circulation complète.

Voilà les deux extrêmes.

Si maintenant nous prenons, pour terme moyen, qu'un homme ait 20 livres de sang, et que son cœur lance une once et demie de ce liquide à chaque pulsation, il faudra, pour une circulation complète, 214 de ces pulsations, et elle s'accomplira en 2 minutes 51 secondes. D'autres évaluations ont été proposées plus récemment : telle est celle de Gunther (3), qui ne veut pour une circulation complète que 1 minute et 20 secondes ; telle est aussi l'évaluation de M. Hiffelsheim (4), qui évalue à 2 minutes 40 secondes ce qu'il appelle la *durée de la circulation*.

Les trois suppositions que je viens de faire avec Burdach nous

(1) *Traité de physiologie,* traduction française, t. II, p. 291.

(2) Il est à peine nécessaire de faire remarquer que dans le même espace de temps le sang aura aussi passé par les cavités droites, puisque l'appareil circulatoire, pris dans son ensemble, représente un cercle, sur le trajet duquel sont les cavités droites et les cavités gauches du cœur.

(3) *Lehrbuch der Physiologie*, t. II ; 1847.

(4) *Quelques observations relatives au phénomène de la circulation* ; Paris, 1850.

démontrent l'impossibilité d'arriver à une solution mathématique. Mais j'irai plus loin : en admettant que l'on connût exactement, pour un individu quelconque, la somme de son sang, le nombre des pulsations de son cœur par minute, et enfin la quantité que lance le ventricule à chaque contraction, il serait encore impossible de dire combien de temps il faudrait pour que toute la masse du sang accomplît sa révolution. Cela paraîtra paradoxal au premier abord et choquera un mathématicien : rien n'est plus certain cependant. Le cœur n'est pas placé sur le trajet d'un cercle unique, mais de milliers de cercles ou d'anses qui ont des longueurs différentes ; or les molécules qui composent l'ondée sanguine que le cœur introduit d'un seul coup dans l'aorte, venant à s'engager, les unes dans des cercles plus courts, les autres dans des cercles plus longs, ne reviennent pas toutes en même temps au cœur. Ainsi, au sortir même du cœur gauche, une petite colonne sanguine s'engage dans les artères coronaires, et revient presque de suite au cœur droit par la veine du même nom ; une autre partie de la même ondée, qui a donné à l'artère coronaire, va parcourir l'aorte, les artères du membre inférieur, et parviendra jusqu'au bout du gros orteil ; après quoi elle suivra, pour revenir au cœur, les longues divisions veineuses que l'on connaît. Entre ces anses vasculaires de longueurs si inégales, il faut admettre tous les intermédiaires imaginables. Il y a donc des molécules du sang qui passent plusieurs fois par le cœur, pendant que d'autres n'y sont admises qu'une fois.

De ce qu'il est impossible d'arriver à une solution parfaitement précise de la question que nous venons d'examiner, il n'en faudrait pas conclure que son étude est stérile. Elle nous apprend que le mouvement circulatoire est d'une rapidité excessive, et cette notion, dont nous avons fait déjà d'heureuses applications à l'histoire de l'absorption, de l'empoisonnement et de la thérapeutique médicale, nous en offrira d'autres quand nous traiterons des sécrétions.

## Des différences de rapidité du cours du sang dans les diverses parties de l'appareil circulatoire.

Voilà encore une question sur laquelle s'est longuement exercée la secte iatro-mathématique ; elle fait le désespoir des étudiants (de ceux au moins qui *étudient*) et parfois aussi le désespoir de leurs maîtres. Pas un de ceux-ci ne voudrait être condamné à reproduire l'immense travail historique et critique qu'elle a inspiré à Haller ; mais il est de leur devoir d'essayer d'aplanir pour leur auditoire les difficultés qui les ont arrêtés eux-mêmes dans cette étude.

Quand on médite sur les résistances que va rencontrer l'ondée sanguine lancée dans l'aorte, comme poids du sang, viscosité du sang, pesanteur des parties au centre desquelles marchent les vaisseaux, frottements, longueur des vaisseaux, plis et courbures des vaisseaux, divisions et subdivisions de ceux-ci, éperons intérieurs, valvules, etc. ; lorsque pour chacune de ces causes de retard on considère les chiffres qui expriment leur influence, on comprend à peine que le sang puisse revenir à son point de départ et que son mouvement persévère avec régularité. Que si on ouvre une artériole périphérique, une artériole du pied par exemple, sur un animal vivant ou sur l'homme pendant une opération chirurgicale, on voit cependant que le sang s'en échappe encore par saccades ; et si, armé du microscope, on regarde les capillaires vivants d'un animal à sang froid, il semble y passer comme un torrent. Alors on ne sait plus que croire, on est tenté de repousser toute application du calcul et des lois de l'hydraulique à la circulation du sang. Cependant, Messieurs, ce serait commettre une énorme bévue que d'en agir ainsi ; entrons donc dans quelques explications.

A part les fluctuations périodiques que les absorptions et les sécrétions introduisent dans la quantité totale du sang, *il revient au cœur, en un temps donné, précisément autant de sang qu'il en part.*

Si la somme de capacité des sept troncs veineux qui ramènent le sang aux oreillettes était précisément égale, pour une longueur donnée, à la somme de capacité de l'aorte et de l'artère pulmonaire, la vitesse serait parfaitement égale dans les veines et dans les artères : le retard qui résulte du reflux se trouvant compensé, à l'instant même, par l'accélération qui résulte de l'action aspirante de la poitrine.

Que si l'équilibre dont nous parlons était rompu, cela aurait pour conséquence, quelque légère que fût la différence, une accumulation de sang en un point, une anémie dans l'autre, toutes deux incompatibles avec la continuation du mouvement circulatoire.

Est-ce à dire que les *résistances* dont parlent les auteurs ne résistent pas? que les causes de *retard* ne retardent rien? Pas le moins du monde. Ces causes de résistance ont une influence générale et aussi des influences locales; voici comment. Admettez que le ventricule lance l'ondée de sang dans l'air, sans autre obstacle à vaincre que celui que lui oppose la masse de ce liquide; le jet sera rapide et étendu. Admettez maintenant, ce qui est précisément le cas de la circulation normale, qu'une colonne de sang, partout continue, remplisse le système artériel et s'appuie sur les trois valvules sigmoïdes qui ferment l'orifice à ce moment et empêchent le reflux dans le cœur; celui-ci, pour mettre cette masse, cette longue colonne, en mouvement, devra triompher de tous les obstacles, et il en triomphe effectivement dès qu'il culbute les valvules sigmoïdes, pour introduire dans l'aorte une nouvelle ondée de sang qui pousse celle qui s'y trouve. Dès lors tout marche nonobstant les résistances, mais tout marche beaucoup moins vite que si ces résistances n'eussent pas existé. Voilà pourquoi, nonobstant les obstacles, nonobstant les causes de retard distribuées sur la route, le sang sort encore par saccades d'une artériole du pied, et pourquoi aussi il parcourt encore les capillaires avec célérité.

Haller, qui savait si bien tout ce qu'on avait écrit sur les résistances opposées au cours du sang, dut être bien étonné quand il constata ce désaccord apparent entre la théorie et le fait; et peut-être, dans ses *Opera minora*, est-il allé trop loin dans la réfutation qu'il a faite des croyances de son temps touchant les causes qui retardent le cours du sang. Il dit : *Fabulosa sunt adeo quæ de maxima illa sanguinis in minoribus arteriis retardatione scripta sunt.*

Sans doute on s'est exagéré les effets des résistances; mais ces résistances elles-mêmes ne sont pas choses fabuleuses, et, si elles sont distribuées inégalement dans les différentes parties du système vasculaire, il y aura des différences locales de vitesse, lesquelles n'empêcheront pas qu'il ne revienne toujours au cœur la même quantité de sang qui en sort. Arrêtons-nous un instant sur ces résistances. Après avoir établi leur influence sur le cours des liquides dans des tubes privés de vie, il faudra voir si elles en con ervent relativement aux vaisseaux d'un animal vivant.

## *Effets du frottement.*

Rien n'est mieux établi en physique que la puissance retardatrice du frottement sur les corps mis en mouvement; l'obstacle opposé par le frottement est proportionné à l'étendue du contact entre le corps qui se meut et celui contre lequel il frotte.

Pour ne nous occuper que des liquides: soit une quantité de liquide mise en mouvement dans un tube unique, ou bien dans deux tubes dont la capacité réunie sera exactement la même que celle du tube unique, le liquide touchera, dans le second cas, deux fois autant de points du tube que dans le premier, et l'obstacle sera doublé.

Si donc, pour dégager l'influence du frottement de l'influence des changements de capacité dans les voies circulatoires, nous supposons que la somme de capacité des divisions des artères représente partout, pour des sections d'égale longeur, la capacité des troncs d'où les rameaux émanent, nous dirons : l'obstacle étant représenté par 1 dans l'aorte, il sera dix fois plus considérable dans des artères d'un diamètre dix fois plus petit, etc. Dans les capillaires, cet obstacle deviendrait si considérable, au dire des iatro-mathématiciens, que le sang arrivé là n'y conserverait que la 1616e partie de la vélocité qu'il avait au sortir de l'aorte! (1)

La résistance que le frottement oppose à un liquide mis en mouvement dans un tuyau se répète à mesure que le tuyau offre plus de longueur. Dans le cas de multiplication des résistances par l'effet des divisions des vaisseaux, ces résistances sont simultanées; elles sont successives, dans le cas où l'augmentation des points de contact est distribuée sur une ligne longitudinale.

Suivant Bryan-Robinson, l'écoulement des eaux par des tubes est en raison inverse des racines carrées des longueurs de ces tubes. Pour s'assurer que la longueur des tubes a de l'influence, alors même que ces tubes sont flexibles comme ceux que parcourent les humeurs animales, Sauvages (2) fit passer de l'eau dans des portions d'intestin grêle de chat d'inégales longueurs, et il vit que la quantité qui passait en un temps donné était à peu près en raison inverse de leur longueur.

Arrêtons-nous pour examiner si ces notions d'hydraulique sont applicables au cours des liquides dans les vaisseaux des animaux vivants. J'entends déjà certains physiologistes s'écrier: Les choses ne se passent pas dans les vaisseaux des animaux vivants comme dans des tubes inertes. Mais ce lieu commun, qui dispense tant de gens d'étudier les problèmes de la mécanique animale, a besoin d'être commenté. Sans doute les vaisseaux des animaux vivants diffèrent des tubes inertes. Ces vaisseaux peuvent, sous diverses influences, modifier leur calibre, les conditions physiques de leurs parois; mais, cela accompli, les liquides qui les parcourent à plein canal ne s'y meuvent pas moins d'après les lois de l'hydraulique. L'état de vie intervient donc dans le mouvement du sang, mais il intervient en changeant les conditions hydrauliques de l'appareil. Le sang, masse passive (3), ne peut pas ne pas obéir et à l'impulsion qui lui est donnée et

---

(1) Haller, *Elementa physiologiæ*, t. II, p. 180.

(2) *Pulsus et circulationis theoria*, in-4°, p. 10; Monspel., 1752.

(3) J'ai refuté, t III, l'opinion que le sang se meut spontanément.

aux résistances qu'il rencontre. Ceci posé, je reprends la question que j'ai posée plus haut, et je me demande si le frottement ralentit le cours du sang dans les vaisseaux, comme dans les canaux sur lesquels ont été faites les expériences précitées. Voici la réponse. Si le cercle que le sang parcourt était composé d'un seul vaisseau ayant partout le même diamètre, celui de l'aorte, par exemple, le cours du sang, nonobstant le frottement, serait aussi rapide dans la partie de ce vaisseau la plus éloignée du cœur qu'au point de départ. La résistance provenant du frottement n'aurait, dans ce cas, d'autre effet que de rendre nécessaire une contraction du cœur assez énergique pour la surmonter; le cours du sang serait moins rapide que si les résistances eussent été absentes, mais la vitesse donnée restera partout la même.

Supposons maintenant que ce vaisseau, au lieu de rester unique, se divise, se subdivise, se subdivise encore, mais d'une manière symétrique, et de telle sorte que toutes les ramifications aient parfaitement la même longueur et que la somme de leur capacité ne soit pas plus considérable que la capacité du tronc principal pour une même étendue longitudinale; dans cette nouvelle condition, le sang conservera encore la même vitesse dans toutes les parties de son parcours. Cependant les résistances se seront considérablement accrues par le fait des divisions et subdivisions vasculaires, qui auront multiplié les points de contact entre le sang et les vaisseaux. Le cœur devra déployer plus de force pour obtenir un mouvement égal en vitesse à celui que, dans le cas précédent, il avait imprimé à la même masse de sang circulant dans un tube unique.

Mais il est un troisième cas à considérer, et c'est celui que la nature nous présente : le sang s'engage dans des cercles qui n'ont ni la même longueur entre eux ni le même nombre de divisions vasculaires; dès lors la masse de sang à mettre en mouvement dans ces diverses fractions du système, l'étendue des surfaces qu'il frotte, les résistances, en un mot, ne sont plus également distribuées. La théorie nous indique qu'il marchera plus vite là où les résistances sont moins considérables, plus lentement au contraire là où elles le sont davantage, et qu'il y aura, en somme, de grandes inégalités de vitesse du cours du sang dans les diverses parties du corps. Par exemple le sang qui entre dans les artères rénales sera soumis à beaucoup moins de frottements pour revenir au cœur que le sang qui, continuant son trajet dans l'aorte et les artères des membres inférieurs, atteindrait enfin la plante du pied et remonterait ensuite vers le cœur.

Je ne sais pourtant si l'application de la loi d'hydraulique citée plus haut aux faits physiologiques qui m'ont servi d'exemple est bien légitime. Les physiciens, qui ont calculé l'influence de la longueur des tubes sur les quantités de liquide qu'ils fournissent en un temps donné, ont opéré sur des canaux qui reçoivent l'eau à une de leurs extrémités, et qui la déversent à l'autre par un bout libre ; mais, dans l'appareil vasculaire, lequel forme un cercle nulle part interrompu, il n'y a ni commencement ni fin : comment dès lors calculer l'influence de la longueur de tubes qui font partie d'un cercle? Si pourtant on veut considérer le cœur comme une sorte d'intersection dans le cercle vasculaire, on sera autorisé à tenir compte des différences de longueur des vaisseaux dans l'appréciation de la vitesse du sang qui les parcourt. Tous les chirurgiens ont pu observer que le sang s'échappe d'une artériole du pied avec beaucoup moins de vélocité que d'une artériole de même diamètre ouverte au voisinage de la poitrine; c'est que, pour arriver au pied, le sang a subi plus longtemps l'influence retardatrice du frottement que pour parvenir aux parois thoraciques.

La vélocité augmentée du cours d'un liquide augmente aussi le frottement; ainsi les résistances croissent à mesure que le mouvement circulatoire s'accélère, comme si celui-ci devait, par l'effet même de son excès, devenir son propre modérateur.

Le frottement produit encore, sur le cours des liquides, un effet qui a été parfaitement constaté ; et ici la théorie et les faits sont tout à fait d'accord. Quand un solide éprouve le frottement, toutes les parties de sa masse, étant cohérentes entre elles, sont arrêtées en même temps. Il n'en est pas de même des parties d'un liquide qui roulent les unes sur les autres; celles qui sont le plus exposées au frottement retardent sur celles qui y échappent, d'où il suit que le mouvement est plus rapide dans l'axe de la colonne liquide. Pour le sang en particulier, les globules centraux marchent beaucoup plus rapidement que ceux de la périphérie : *Motus per axin celerior* (1). Cela était connu depuis longtemps; mais, de nos jours, on a été plus explicite sur ce sujet. Le sérum du sang mouille la paroi vasculaire, et forme la couche immobile et transparente dont j'ai parlé, d'après M. Poiseuille, à l'article de la *circulation capillaire*. Cette disposition, qui n'est pas particulière aux capillaires, mais qui s'établit toutes les fois qu'un liquide se meut dans un tube qu'il mouille, se retrouve dans les vaisseaux artériels et veineux, où la couche immobile et transparente égale en épaisseur le 8e ou le 10e du diamètre du vaisseau. La vitesse va augmentant graduellement de cette couche immobile vers l'axe du vaisseau.

Chez certains reptiles, les grenouilles en particulier, les globules blancs cheminent près des parois des vaisseaux, tandis que les globules rouges tiennent le centre et marchent avec rapidité (2). Dès le XVIIe siècle, on avait admis spéculativement, et d'après certaines expériences de physique faites par Descartes, que les corpuscules les plus denses du sang tenaient l'axe, et étaient entraînés avec plus de rapidité que les autres. Je n'ai pas besoin de dire qu'à cette époque, et même dans le siècle suivant, on n'avait pu penser à opposer la marche des globules rouges du sang à la marche des globules blancs, dont l'histoire

(1) C'est le titre d'un des paragraphes de Haller, t. II, p. 166. On y lit ces mots : *Quare etiam in vivi animalis arteriis linea sanguinis, quæ axin tenet canalis arteriosi, aliquando celerius progredi videtur*. On y voit aussi que Descartes, Malpighi, Bianchi, Walther et autres, avaient déjà professé cela. Haller enfin reproduit cette observation dans son exposé de la circulation veineuse : *Velocitas globulorum secundum axin fluentium aliquanto major est* (*loc. cit.*, p. 323).

(2) Muller, *Manuel de physiologie*, t. I, p. 172.

n'était pas faite. Mais il y a, dans la phrase suivante de Haller, une sorte de description du phénomène : *Ex eadem ratione, globulus ruber et axin tenebit, et longius procedet, quam quidem particula aliqua ramosæ figuræ, quæ sub majori volumine non plus habet materiæ quam quidem globulus* (1). Du reste, rien ne prouve que les choses se passent chez les animaux à sang chaud comme chez les grenouilles.

*Influence des différences de capacité des troncs vasculaires avec les branches qui en émanent, de celles-ci avec les rameaux qu'elles produisent, de ces rameaux avec les ramuscules*, etc.

Le principe d'hydraulique dont nous allons faire ici l'application n'est contesté par personne, et je ne sache pas qu'il existe un physiologiste assez peu judicieux pour en nier l'application à l'économie animale. Divisez par la pensée, en sections d'égale longueur, un tube dans lequel un liquide coule à plein canal, il passera, en des temps égaux, des quantités égales du liquide dans chacune de ces sections, quelle que soit leur différence de capacité. Ainsi le liquide marchera plus lentement dans celles des sections qui seront plus larges, plus vite dans celles qui seront plus étroites. Si l'aorte se dilatait, dans son trajet, en un immense sac, lequel se réduirait ensuite en un vaisseau du même diamètre que le tronc original, le sang, après avoir ralenti son cours dans la poche, reprendrait au-dessous sa vitesse primitive. D'après cette règle, lorsque le sang passera d'un tronc dans des branches qui, par leur capacité réunie, l'emporteront sur la capacité du tronc générateur, son cours se ralentira. Nous constatons d'abord, d'une manière générale, que dans le système artériel, la capacité allant en augmentant toujours de l'aorte aux capillaires, le cours du sang va se ralentissant de plus, en plus à mesure qu'on

(1) *Elementa physiologiæ*, t. II, p. 167. On sait que les globules blancs deviennent quelquefois rameux, mais ils sont moins gros que les globules rouges. Voyez leur description, t. III, p. 21 de cet ouvrage.

approche des capillaires. Un phénomène inverse se produit dans les veines, puisque, dans cet ordre de vaisseaux, la carrière va se rétrécissant progressivement des capillaires au cœur, et à mesure que les branches se réunissent pour former des troncs moins nombreux. Disons enfin que, la carrière du sang veineux étant incomparablement plus grande que celle du sang artériel, le sang se meut beaucoup plus vite dans celle-ci que dans celle-là. Mais on n'a pas voulu s'en tenir à cette notion générale; on a cherché quels sont, dans toute l'étendue de l'appareil circulatoire, les rapports des troncs aux branches, quel est le nombre des divisions et subdivisions vasculaires avant qu'elles s'incorporent dans les capillaires.

Nous serons bref sur ce point, qui a conduit à de grandes exagérations. Si on veut comparer dans Haller (1) les résultats de Keil, de Michelotti, de Boissier de Sauvages, et autres, on sera convaincu avec lui qu'on ne peut évaluer sûrement ni le nombre des subdivisions vasculaires ni le rapport des troncs aux branches. Haller lui-même, après avoir compté vingt bifurcations successives, *visibles à l'œil nu*, sur le prolongement de la mésentérique supérieure; après avoir, d'une autre part, estimé que le rapport de capacité de deux branches à un tronc qui se bifurque est comme 3 est à 2, pour les grandes divisions vasculaires, et comme 4 est à 2 pour les divisions plus petites, est arrivé à ce résultat, que les lumières réunies des divisions de la mésentérique seraient à la lumière du tronc de l'artère comme 3,420 est à 1; d'où suivrait un retard beaucoup plus grand que celui que la simple observation démontre.

Plusieurs médecins de nos jours ont prétendu que, bien loin que la capacité des branches réunies l'emportât sur celle des troncs dont elles émanent, c'était le contraire qu'il fallait admettre, ou que du moins il y avait égalité de capacité. L'erreur générale viendrait, suivant M. Magron, de ce qu'on aurait perdu de vue que le calibre et la lumière des vaisseaux ne sont point entre eux comme leur diamètre, mais comme le carré de

(1) *Elementa physiologiæ*, t. II, p. 174.

ces diamètres (1). Dans l'une des mensurations qu'il a pratiquées, le calibre de l'aorte est au calibre des branches qu'elle fournit comme 4,980 est à 4,488. L'ensemble du système artériel ne serait donc pas, comme on le dit, un cône dont la pointe serait au cœur, et la base dans le système capillaire ; cet ensemble, suivant M. Berryer-Fontaine (2), serait un cylindre. En Angleterre, M. Ferneley dit qu'il y a à peu près égalité entre les troncs et les branches (3). Vient enfin M. Paget (4), qui annonce ce singulier résultat de ses recherches, que, pour les divisions supérieures du système artériel, l'ancienne opinion est fondée; tandis que l'on observerait un rapport inverse pour les divisions de la partie inférieure de l'aorte. Ainsi le rapport serait pour la crosse de l'aorte, comparée aux branches qui en partent, comme 1,000 est à 1,055, et pour la carotide externe, comparée à ses branches, comme 1,000 est à 1190. D'une autre part, l'aorte abdominale étant 1,000, ses branches réunies sont 0,893 ; les iliaques primitives étant 1,000, leurs branches sont 0,982.

Ces dernières observations ne m'empêchent pas de penser que le sang artériel se meut dans des voies de plus en plus larges. Si la chose paraît douteuse pour certains gros troncs, elle ne le semble plus pour les divisions secondaires et au delà (5).

---

(1) Il est bon de faire observer que les iatro-mécaniciens ne sont pas tous tombés dans l'erreur que leur attribue M. Martin-Magron ; il est du moins certain que Hales n'a pas parlé du *diamètre* des vaisseaux, mais bien de leur *coupe transversale*. Lisez les nos 12, 13 et 18 de son expérience 9 (*Hœmastatique,* traduction de Sauvages ; Genève, 1744).

(2) Thèses de Paris, 1835, no 96.

(3) *London med. gaz.,* t. XXV, p. 389 ; 1839.

(4) *London med. gaz.,* t. XXX, p. 553 ; 1842.

(5) J'ai imaginé un moyen bien simple d'obtenir des données approximatives sur le sujet en litige. Remplir le système artériel d'une injection solidifiable, peser un tronçon d'une grosse artère pleine d'injection, et peser comparativement des tronçons de même longueur des artères qu'elle fournit. M. Sappey a fait, à ma demande, les pesées suivantes : un tronçon d'aorte de 3 centimètres de longueur pesait, plein d'injection, 4 grammes 0,85 ; deux tronçons de même longueur, provenant des artères iliaques primitives, pesaient, réunis, 4 grammes 364. Un tronçon de l'artère iliaque primitive

### *Effets de la dilatabilité des vaisseaux.*

Le phénomène de la diastole dans les vaisseaux introduit un nouvel élément de différence locale de vitesse dans le cours du sang. Elle diminue le frottement, puisqu'une quantité déterminée de sang touche les parois vasculaires par un moins grand nombre de points lorsqu'elle se ramasse en une colonne épaisse, que lorsqu'elle s'étend et s'effile, en quelque sorte, en une ligne longitudinale. Un autre effet de la dilatation transversale est de ralentir la marche du sang.

La dilatation et le retrait qui la suit n'ont pas lieu simultanément dans toute l'étendue de l'arbre artériel. Ils commencent dans l'aorte au moment où le ventricule y pousse une nouvelle ondée de sang, et se continuent, mais avec une grande activité, jusque dans les artérioles. Il en résulte que l'aorte a déjà commencé son retrait, lorsque l'impulsion dilatatrice arrive dans les artères périphériques. Tout cela s'accomplit avant qu'une nouvelle impulsion du ventricule gauche reproduise le mouvement dans l'origine de l'aorte. La dilatabilité des vaisseaux rend la circulation moins heurtée. Si le cœur introduisait le sang dans un vaisseau inflexible, il faudrait que du même coup, il poussât toute la masse d'une même quantité, après quoi tout s'arrêterait. Avec des vaisseaux dilatables et élastiques, le mouvement se continue pendant tout l'intervalle de deux systoles du cœur. Le sang marche tout à la fois pendant la systole du cœur, qui lui imprime la saccade, et pendant la systole de l'artère, qui continue de le mouvoir, mais d'une manière plus égale. Lorsque, par les progrès de l'âge, les parois des grosses artères deviennent de plus en plus dures et moins extensibles, le cœur ne peut introduire

droite, de 15 millimètres de longueur, pesait, plein d'injection, 1 gram. 124; les tronçons des artères iliaques externe et interne pesaient 1 gramme 401. Un tronçon de l'artère iliaque primitive gauche pesait 1 gramme 322, les tronçons des artères iliaques externe et interne pesaient 1 gramme 352. Pour que ces expériences fussent inattaquables, il faudrait ne peser que le contenu des artères.

une nouvelle ondée de sang dans l'aorte sans déplacer à la fois toute la colonne de liquide, ce qui exige un effort plus considérable. Ne serait-ce pas là une des causes de l'accélération du pouls chez les vieillards?

### *Influence des courbures des vaisseaux.*

Que le choc du sang augmente ces courbures ou qu'il les efface (les deux effets peuvent être observés), il y a là une dépense de force qui peut être comptée parmi les résistances. Ajoutons qu'une artère courbe est plus longue qu'une artère qui marche en ligne droite ; le frottement augmente vers le côté de la courbure qui cède (soit que la courbure augmente ou se redresse). La pratique des injections montre que les courbures, les plis des vaisseaux, l'angle sous lequel ils naissent, sont des obstacles beaucoup plus considérables lorsque les liquides sont poussés dans un système vide que quand ils circulent à plein canal. Bichat a prétendu, mais à tort, que cette dernière circonstance, celle d'un cours à plein canal, annihilait complétement l'influence des courbures, des plis, des éperons, etc. En accusant ses prédécesseurs d'avoir comparé le cours du sang dans les vaisseaux à celui des ruisseaux ou des rivières, Bichat a traité avec une singulière irrévérence les hommes de l'école iatro-mathématique, lesquels s'entendaient mieux que lui en mécanique et en hydraulique. Le même canal qui, étant droit, donnera une quantité déterminée d'eau en un espace de temps représenté par 9, ne la fournira plus, s'il est recourbé quatre fois, que dans un espace de temps représenté par 14 ; s'il est recourbé huit fois, il faudra un espace de temps représenté par 18 pour qu'il laisse passer la même quantité d'eau que dans les deux cas précédents.

Du reste, les courbures des vaisseaux ont une autre finalité que celle de retarder le cours du sang (voy. *Circulation artérielle,* t. III).

Si on examine de près le mode d'origine des artères, on voit que celles-là mêmes qui semblent se détacher du tronc principal en formant avec lui un angle très-ouvert, ou même affecter de suite une direction rétrograde, commencent pourtant presque toutes par un angle très-aigu, et sont, pendant l'espace de quelques lignes, presque parallèles au vaisseau générateur. Ceci diminue donc l'influence du changement de direction du sang. Mais cette influence existe-t-elle? M. Gerdy la nie, en s'appuyant, il faut le dire, sur un fait bien connu d'hydraulique. « Percez, dit-il, d'ouvertures égales, et au même niveau, le fond d'un corps de pompe horizontale, ses côtés et le piston lui-même, puis pressez sur ce piston : le fluide jaillira aussitôt, et si les ouvertures sont parfaitement égales dans leur étendue, leur niveau, et l'épaisseur de leur bord, elles fourniront, dans un temps donné, des quantités parfaitement égales. Cependant la direction de ces orifices sera tout à fait différente, car il n'y aura dans la direction du jeu du piston que celui du corps de pompe, et comment en serait-il autrement? Les molécules des fluides sont extrêmement mobiles, et dans cette expérience, elles sont également pressées dans tous les sens; elles doivent donc tendre à s'échapper, et s'échappent en effet, avec une égale facilité, dans toutes les directions » (1).

### *Influence des anastomoses.*

Elles ont plutôt pour usage d'assurer la distribution et le retour du sang que de modifier la rapidité de son cours. C'est à ce point de vue que j'ai parlé de leurs usages au 3e volume (*circulation artérielle*) et au commencement de celui-ci (*circulation veineuse*). Le plus ordinairement, le cours du sang se ralentit dans les anastomoses, deux colonnes de sang venant en sens inverse s'y entrechoquer. Les colonnes de sang contenues dans les veinules qui vont se déverser dans des veines plus volumineuses se ralentissent souvent à mesure qu'elles en approchent, comme si elles étaient repoussées par les colonnes plus grosses auxquelles elles vont s'incorporer (2).

---

(1) *Dictionnaire de médecine*, t. VIII, p. 24.

(2) Haller, *Elementa physiol.*, t. II, p. 190. — Ce fait avait échappé aux iatro-mathématiciens.

## Quelle est l'influence de la composition du sang sur son mouvement ?

Je ne m'arrêterai pas à démontrer que le sang résiste par sa masse, son inertie, ni à rechercher ici les différences locales qui peuvent résulter de la direction ascendante, descendante ou horizontale des courants. Je veux appeler votre attention sur l'influence que certains états moléculaires du sang et l'addition de diverses substances, solubles ou non, ont sur son passage au travers des vaisseaux capillaires : un simple changement de température d'un liquide traversant les capillaires ou les artérioles d'un animal vivant ou qu'on vient de tuer à l'instant même, augmente ou diminue la quantité de ce liquide qui y passe en un temps donné. Hales, ayant introduit dans l'aorte thoracique d'un chien, qu'il venait de faire périr d'hémorrhagie, l'extrémité recourbée d'un tube qui s'élevait verticalement à une hauteur de 4 pieds et demi, et ayant divisé longitudinalement, sur le même animal, l'intestin grêle, dans la direction de son bord opposé au mésentère, examina en combien de temps s'échappaient par les vaisseaux ouverts des quantités égales d'eau, versées dans la partie supérieure du tube et préalablement échauffées. Voici ce qu'il observa : « Lorsque, dit-il, immédiatement après l'eau tiède, on versait dans les artères trois pots d'eau si chaude qu'on pouvait à peine la tenir sur la main, le troisième pot passait en 30 fois moins de temps que la précédente eau tiède, et l'eau du pot que l'on versait ensuite, étant beaucoup plus chaude, passait 18 fois plus vite que l'autre » (1).

Cette première expérience révélait l'influence de la température sur le passage des liquides au travers des petites divisions vasculaires. D'autres expériences montrèrent à Hales qu'il fallait tenir compte aussi de la composition de ces liquides. Des décoctions de quinquina, d'écorce de chêne, de camomille, de cannelle, passèrent beaucoup plus lentement que l'eau. Faire des

---

(1) *Hæmastatique*, p. 105.

applications de ces données à l'action des médicaments sur l'économie vivante, cela se ressentait de l'époque à laquelle Hales écrivait, cela semblerait plus que hasardé aujourd'hui. Cette réflexion ne doit cependant pas détourner de prendre connaissance de cet ordre de faits. En 1835, un ancien élève de l'École polytechnique (1) renouvela, en les variant, les expériences de Hales. Il fit passer, au travers du tronc et des divisions de l'artère mésentérique de lapins, des substances astringentes, minérales et végétales, en dissolution. Il commençait par faire écouler de l'eau distillée, dont il notait la vitesse, puis la dissolution astringente, puis encore de l'eau distillée. Un résultat constant et véritablement intéressant de ces expériences fut que l'eau distillée, passant dans les vaisseaux que la dissolution astringente avait parcourus auparavant, subissait un ralentissement qui allait croissant pendant toute la durée de l'expérience; ainsi, pendant les trois temps de celle-ci, on avait successivement : 1° la vitesse habituelle à l'eau distillée, 2° une accélération pendant le passage de la dissolution astringente, et 3° un ralentissement considérable en reprenant l'eau distillée; que si, dans le second temps de l'expérience, on faisait passer une dissolution de gomme ou de gentiane, au lieu d'une dissolution astringente, le courant se ralentissait beaucoup, après quoi il reprenait sa célérité habituelle dès qu'on revenait à l'eau distillée. Les dissolutions d'émétique, d'acétate d'ammoniaque, et de carbonate de soude, traversèrent l'artère mésentérique en moitié moins de temps qu'il n'en fallut pour une quantité égale d'eau distillée.

M. Poiseuille, qui ne connaissait peut-être pas cette thèse, a publié, en 1847, un travail très-étendu sur le mouvement des liquides dans les tubes de très-petit diamètre (2). J'aurais cru devoir passer ce travail sous silence, si, dès la première page, l'auteur n'eût affirmé que «si tel corps accélérait ou retardait l'écoulement dans des tubes inertes, des tubes de verre, par

---

(1) Beniqué, *Recherches expérimentales sur l'action de quelques médicaments* (Thèses de Paris, 1835, n° 127).

(2) *Recherches expérimentales sur le mouvement des liquides de nature différente dans les tubes de très-petit diamètre*; Paris, 1847.

exemple, il en était de même lorsqu'on leur substituait des tubes organisés, c'est-à-dire les capillaires des animaux vivants.» Cette similitude tient, suivant M. Poiseuille, «à ce que l'écoulement des liquides à travers les tubes s'effectue dans un conduit à parois fluides, de telle sorte que le mouvement du liquide est indépendant de la nature des parois du tube» (1). Voici le résumé de ses expériences sur les substances salines: certains sels favorisent l'écoulement de l'eau distillée; tels sont les iodures et bromures de potassium, les azotates de potasse et d'ammoniaque, les chlorhydrates de potasse et d'ammoniaque, le cyanure de potassium et l'acétate d'ammoniaque.

M. Poiseuille a vérifié, sur des chevaux vivants, que l'iodure de potassium, l'azotate de potasse, le chlorhydrate et l'acétate d'ammoniaque, facilitaient le passage du sang dans les vaisseaux capillaires.

D'autres sels retardent sensiblement l'écoulement; ils sont beaucoup plus nombreux que les premiers : ce sont les *azotates* de soude, de plomb, de strontiane, de chaux, et de magnésie; les *chlorures* de sodium, de calcium, de magnésium; les *chlorhydrates* de morphine et de strychnine, le *cyanure* de mercure; les *sulfates* de potasse, d'ammoniaque, de soude, de magnésie, de zinc, de fer, de morphine, et l'alun; les *phosphates* de potasse, de soude et d'ammoniaque; les *arséniates* de potasse et de soude; les *bicarbonates* et *carbonates* d'ammoniaque, de potasse et de soude; les *oxalates* des mêmes bases, le *bi-oxalate* de potasse, l'*acétate* de plomb, le *citrate* de fer, l'*émétique* (2).

Enfin il y a des sels qui ne paraissent pas modifier l'écoulement; tels sont les iodures de sodium et de fer, l'azotate d'argent, et le deutochlorure de mercure.

---

(1) Nous avons parlé ailleurs de la couche immobile de liquide qui mouille la paroi interne des tubes.

(2) Les résultats relatifs à l'émétique et au carbonate de soude ne concordent pas avec ceux de M. Beniqué, qui a opéré exclusivement sur des animaux.

Les bases alcalines non unies aux acides retardent l'écoulement.

Les acides en général ont une action retardatrice très-marquée, y compris l'acide carbonique.

Les acides bromhydrique et bromique sont à peu près indifférents; l'acide chlorhydrique ne retarde que fort peu l'écoulement.

Les acides cyanhydrique et sulfhydrique ne retardent pas l'écoulement. Si on ajoute l'un ou l'autre de ces acides au sérum du sang, ils accélèrent l'écoulement de ce sérum, comme ferait l'addition d'une même quantité d'eau distillée au sérum. Toutes les eaux minérales hydrosulfureuses, malgré les sels qu'elles contiennent et qui tendent à retarder l'écoulement, coulent aussi vite que l'eau distillée.

Les décoctions de quinquina (1), de guimauve, de salsepareille, coulent plus lentement que l'eau distillée ; la décoction de gaïac passe presque aussi rapidement que l'eau.

Le passage du sérum du sang est presque de moitié plus lent que celui de l'eau distillée.

L'éther, qui coule incomparablement plus vite que l'eau, retarde l'écoulement de ce liquide; il retarde aussi l'écoulement du sérum.

L'alcool passe très-lentement, et il exerce sur l'eau distillée et le sérum du sang une grande puissance retardatrice.

L'ammoniaque passe moins vite que l'eau distillée. Unie à celle-ci, elle la retarde; mais, unie au sérum, elle rend l'écoulement de ce sérum un peu plus rapide, et, chose digne d'être remarquée, elle accélère un peu le passage du sérum alcoolisé. Je n'oserais pourtant déduire de ce fait, avec M. Poiseuille, l'explication des bons effets de l'administration de l'ammoniaque dans les cas d'ivresse.

M. Poiseuille s'est assuré que les résultats ci-dessus mentionnés sont parfaitement indépendants de la densité des liquides, de leur capillarité, leur fluidité, la solubilité des substances em-

(1) Encore un résultat différent de ceux de M. Beniqué.

ployées, leur déliquescence, leur efflorescence, leur affinité pour l'eau, et la concentration résultant du mélange de quelques-unes d'entre elles avec l'eau.

On sait, depuis un bon nombre d'années (1), que l'introduction de matières grasses dans le sang peut embarrasser ou même enrayer la circulation capillaire dans les parties très-vasculaires. De nouvelles expériences ont été pratiquées, sur ce sujet, par MM. Gluge et Thiernesse (2), membres de l'Académie de Bruxelles. Ils ont injecté dans la jugulaire externe de chiens tantôt de l'huile d'olives, tantôt de l'huile de foie de morue. Les accidents causés par la première dose (4 gros) cessaient ordinairement au bout de trente-six à quarante-huit heures ; mais, si on renouvelait l'injection alors que l'animal paraissait complétement rétabli, les accidents se reproduisaient et devenaient mortels tantôt après la deuxième, tantôt après la troisième injection. Si on faisait avaler tous les jours de l'huile aux animaux, l'absorption de cette substance amenait, au bout d'un certain temps, les mêmes effets que son introduction dans les veines : à l'ouverture des cadavres, on trouvait une hépatisation totale ou partielle des poumons, un amas de matière grasse dans ces organes ainsi que dans le foie et les reins. Il faut noter que de tels accidents ne peuvent se manifester que dans les cas où l'introduction de la graisse dépasse de beaucoup la quantité qui est dépensée journellement dans le mouvement de la vie ; tous les jours, notre sang reçoit une certaine proportion de matières grasses qui rendent le sérum lactescent, pendant quelques heures, après les repas (voyez art. *Sang*, t. III, p. 118), et cela ne détermine aucun trouble de la circulation.

Les expériences de M. Magendie (3) ont montré que le sang défibriné passe mal au travers des capillaires des poumons, qu'il engorge ces organes, que ce sang, en un mot, devient impropre

(1) Magendie, *Journal de physiologie*, t. I, p. 37.

(2) *Recherches expérimentales relatives à l'action des huiles grasses sur l'économie animale*, lues à l'Académie royale de Bruxelles (*Gaz. méd. de Paris*, 1844, p. 713).

(3) *Leçons sur les phénomènes physiques de la vie*, t. II, *passim*.

à la vie. M. Poiseuille (1) a reconnu que le sang défibriné passait beaucoup plus lentement au travers des tubes de petite dimension que le sérum pur : ce sont donc les globules qui forment l'obstacle à son libre passage. Mais comment se fait-il que ces globules, suspendus dans la *liqueur du sang*, c'est-à-dire dans le sérum portant avec lui la fibrine, traversent sans difficulté les capillaires, et qu'ils s'y embarrassent, au contraire, quand le sérum n'est pas fibrineux? Serait-ce, comme le suppose M. Poiseuille, que la fibrine, faisant partie des globules au lieu d'être dissoute dans le sérum, comme on le professe aujourd'hui, donnerait à ces globules une pesanteur spécifique moindre que celle qu'ils présentent lorsque la fibrine les a abandonnés, et les tiendrait en suspension dans le sang, d'où leur trajet facile au travers des tubes et des vaisseaux capillaires? Privés de cette atmosphère de fibrine, les globules, devenus plus pesants, se précipiteraient dans les voies que le sérum traverse et enrayeraient son cours : ce n'est là qu'une conjecture. Il est bien vrai que la fibrine pèse moins que le sérum, il est bien vrai aussi que les globules se précipitent dans le sang défibriné; mais je ne pense pas qu'il faille abandonner la croyance que la fibrine est à l'état de dissolution dans le sérum (voyez *Sang*).

Je n'ai rien à ajouter ici à ce que j'ai dit plus haut des obstacles que rencontre dans les petits vaisseaux le sang spumeux.

### *Influence de la pesanteur sur la circulation.*

Quelque vigoureuse que soit l'impulsion communiquée au sang par le cœur, ce liquide éprouve, même au sein de l'être vivant, l'influence de la pesanteur. Tantôt cette puissance s'additionne pour ainsi dire à celle que l'organisme déploie, c'est ce qui a lieu lorsque le sang chemine de haut en bas; tantôt elle lui fait obstacle. Fort heureusement les choses sont disposées de telle sorte dans l'organisme, que la même ondée sanguine qui aura

(1) *Rech. expérim. sur le mouvement des liquides de nature différente dans les tubes de très-petit diamètre*, p. 30 et suiv.

lutté contre l'action de la pesanteur, en s'éloignant du cœur, sera favorisée ensuite par cette puissance permanente, alors qu'elle reviendra vers le centre. Si le sang s'élève dans les carotides, malgré l'influence de la pesanteur, celle-ci favorise son retour par les jugulaires ; d'une autre part, les colonnes liquides, qui devront remonter vers le cœur, auront été aidées par la pesanteur au moment où elles s'en éloignaient. De sorte que l'impulsion primitive imprimée au courant périphérique par le cœur et la gravitation aura été proportionnée aux résistances que doit surmonter le courant centripète. En somme, partout où une artère et une veine, satellites l'une de l'autre, affectent une direction verticale, la pesanteur favorise l'un des courants et oppose un certain obstacle à l'autre. Dans les membres inférieurs et dans les membres supérieurs, à partir de l'épaule, c'est le courant artériel qui est favorisé, tandis que le courant veineux est contrarié. Le contraire s'observe pour la plupart des vaisseaux de la tête et ceux du cou. Si on maintient une partie dans une situation élevée par rapport au cœur, le sang y afflue avec moins d'abondance, il en revient plus facilement; les capillaires se désemplissent en partie, les veines se désenflent. Il suffit de lever une main qu'auparavant on tenait pendante pour constater ces phénomènes. Laisse-t-on ensuite pendre la main, elle rougit, les veines se gonflent, etc.

La nature semble avoir mis en rapport, pour chaque partie du corps, les forces d'impulsion dans le système artériel, et la résistance à la dilatation dans le système veineux, avec l'attitude naturelle à chaque espèce. Chez l'homme, nous avons signalé l'épaisseur plus grande des veines des membres inférieurs ; celles du cou et de la tête ne devaient pas présenter cette disposition, puisque la pesanteur y favorise le retour du sang. Ce ne serait pas impunément qu'on demanderait à certaines régions du système vasculaire des actes de tonicité pour lesquels elles n'ont pas été disposées. Si on suspend un chien par les membres postérieurs, il meurt assez promptement dans cette position ; la simple action de se pencher en avant suffit pour donner une teinte violacée à la face et gonfler toutes les veines de la tête.

L'habitude peut ici, comme en beaucoup de choses, modifier les dispositions originelles. Certains bateleurs restent très-longtemps, et sans en être incommodés, dans la station verticale, la tête en bas; et, pour ne pas prendre exemple dans un fait si exceptionnel, certains cultivateurs se livrent, pendant des journées entières, à des travaux qui exigent que la tête soit inclinée vers le sol.

J'ai dit que la nature avait mis en rapport, tout à la fois, la force d'impulsion du sang dans les artères et la réaction élastique et tonique des veines, avec la destination à telle ou telle attitude; c'est ainsi qu'elle a assuré au sang qui monte vers le cerveau une impulsion assez vigoureuse pour que jamais le choc artériel ne fasse défaut au centre céphalo-rachidien. Mais, si une maladie, une blessure, ont condamné pendant quelques semaines un patient à garder la position horizontale, il se pourra qu'au moment où il quittera cette position, l'impulsion de ce sang dans les carotides ne soit plus assez forte et qu'il y ait une syncope. Les bons effets du décubitus horizontal chez ceux qui s'évanouissent témoignent de l'influence de la pesanteur sur la circulation. Cette influence est encore apparente dans l'engorgement vasculaire, la tuméfaction qu'éprouvent certaines parties momentanément tenues dans une position déclive. Si l'on se tient couché sur le côté, la membrane pituitaire de la narine correspondante se gonfle, et l'air cesse de traverser ce conduit (1). La pneumonie hypostatique est connue aujourd'hui de tous les médecins (2). Les applications qu'on peut faire de ces données au traitement des affections chirurgicales sont sans nombre et des plus heureuses. Un testicule atteint de tuméfaction inflammatoire devra être tenu soulevé sur un coussin placé entre les cuisses du malade plutôt qu'enfermé dans un suspensoir (3); dans le cas de panaris, la main qui porte le doigt en-

---

(1) Isidore Bourdon, *Influence de la pesanteur sur quelques phénomènes de la vie*, in-8°; Paris, 1823.

(2) Piorry, *Transactions médicales*, t. XI, p. 173.

(3) A. Cooper, *On diseases of the testis*, p. 25.

flammé devra reposer sur le sommet d'un plan incliné dressé à côté du malade, etc. etc. Les élèves consulteront avec fruit l'exposé des leçons de M. le professeur Gerdy (1) sur ce sujet, et le travail dans lequel M. Piorry (2) a fait connaître les effets de l'attitude chez les animaux soumis à de grandes évacuations sanguines.

C'est tout simplement à l'action de la pesanteur qu'il faut attribuer quelques-uns de ces phénomènes de circulation, si merveilleux en apparence, observés chez les animaux auxquels on avait enlevé le cœur ou lié les gros vaisseaux. J'en ai parlé à l'article de la *circulation capillaire;* j'y ai montré que la rétraction lente des vaisseaux jouait aussi un rôle dans ces sortes de circulations posthumes.

### *Influence du système nerveux sur la circulation.*

J'ai traité avec des détails considérables de l'influence du système nerveux sur les contractions du cœur; je ne veux parler ici que de l'influence de ce système sur les vaisseaux. *A priori* on peut affirmer qu'elle existe. Nous avons montré que les vaisseaux, tant artériels que veineux, jouissent d'une certaine irritabilité (t. III, p. 738, et t. IV, p. 28); or, partout où il y a irritabilité, le système nerveux intervient. La circulation capillaire n'est pas non plus soustraite à cette influence.

Il faut bien s'entendre sur le degré et la nature de cette influence. Si on coupe le nerf qui anime un muscle, celui-ci est paralysé à l'instant, il ne peut plus remplir sa fonction. En admettant que la section des nerfs puisse aussi paralyser la contractilité obscure dont jouissent les vaisseaux, cela ne supprimera pas leur fonction, cela n'arrêtera pas le cours du sang dans ces vaisseaux. Je ne connais pas un seul exemple de lésion nerveuse

(1) *De l'influence de la pesanteur sur la circulation et les phénomènes qui en dérivent, et de l'élévation des parties malades, considérée comme moyen thérapeutique* (*Arch. gén. de méd.*, 2e série, t. III, p. 553).

(2) *Archives générales de médecine*, t. XII, p. 527; 1826.

www.ingramcontent.com/pod-product-compliance
Ingram Content Group UK Ltd.
Pitfield, Milton Keynes, MK11 3LW, UK
UKHW020147200726
13856UKWH00003B/886